J. Settele

Metapopulationsanalyse
auf Rasterdatenbasis

UFZ – Umweltforschungszentrum Leipzig – Halle GmbH

Das UFZ – gegründet im Dezember 1991 – beschäftigt sich als erste und einzige Forschungseinrichtung der Hermann von Helmholtz-Gemeinschaft Deutscher Forschungszentren (HGF) ausschließlich mit Umweltforschung. Das Zentrum hat zur Zeit rund 600 Mitarbeiter (einschließlich Annex-Personal) – beim Start vor fünf Jahren waren es noch 380. Finanziert wird das Zentrum zu 90 % vom BMBF (Bundesministerium für Bildung, Wissenschaft, Forschung und Technologie), Sachsen und Sachsen-Anhalt beteiligen sich mit jeweils fünf Prozent.

Gegründet mit Blick auf die stark belastete Landschaft des Mitteldeutschen Raumes ist das UFZ bereits heute ein anerkanntes Kompetenzzentrum für die Sanierung und Renaturierung belasteter beziehungsweise für die Erhaltung naturnaher Landschaften – nicht nur für diese Region. Die Umweltforschung am UFZ wird sich zunehmend global und damit auch international präsentieren. Sowohl zu Nord- und Südamerika, zu Osteuropa als auch zum südlichen Afrika bestehen bereits enge Forschungskontakte. Sie sollen in den nächsten Jahren weiter vertieft werden.

Aufbauend auf eine solide wissenschaftliche Basis werden in interdisziplinären Forschungsverbünden die landschaftsorientierte, naturwissenschaftliche Forschung und die Umweltmedizin eng mit den Sozialwissenschaften, der Ökologischen Ökonomie und dem Umweltrecht verbunden. Kulturlandschaften, also vom Menschen genutzte und veränderte Landschaften, mit ihren typischen terrestrischen und aquatischen Ökosystemen und den darin lebenden Tieren, Pflanzen und Mikroorganismen sollen nachhaltig gestaltet werden. Dem geht ein Verstehen dieser hochkomplexen, vernetzten und dynamischen Systeme voraus, um vorhersagen bzw. abschätzen zu können, wie sich anthropogene Eingriffe – z. B. Flußbegradigung, Tagebauflutung, Entsiegelung von Flächen oder Zergliederung von Landschaften – auf solche Ökosysteme auswirken. Für den jeweiligen Typ von Kulturlandschaft sollen dann dynamische und realisierbare Leitbilder und Umweltqualitätsziele entwickelt und in der Landnutzung umgesetzt werden.

Bei der Renaturierung von geschädigten Landschaften setzt das UFZ immer mehr auf die Selbstheilungsmechanismen der Natur, so u. a. auf Mikroorganismen, die belastete Böden und Gewässer dekontaminieren. Die Umweltbiotechnologie wird künftig nicht nur im UFZ eine wesentliche Rolle spielen, sondern auch bei der Gestaltung der Region als biotechnologischen Referenzstandort mit Partnern aus Wissenschaft, Wirtschaft und Politik. Das Umweltbiotechnologische Zentrum (UbZ), das Ende 1993 als Verbundprojekt zwischen dem UFZ und der DECHEMA gegründet wurde, ist Schnittstelle zwischen Forschung und Anwendung mikrobiologischer Sanierungskonzepte und damit wichtiger Partner für die Industrie, vor allem für kleine und mittelständische Unternehmen.

Metapopulationsanalyse auf Rasterdatenbasis

Möglichkeiten des Modelleinsatzes
und der Ergebnisumsetzung im Landschaftsmaßstab
am Beispiel von Tagfaltern

Von PD Dr. Josef Settele

B. G. Teubner Verlagsgesellschaft
Stuttgart · Leipzig 1998

PD Dr. Josef Settele
UFZ – Umweltforschungszentrum Leipzig – Halle GmbH
Projektbereich Naturnahe Landschaften
und Ländliche Räume

Gedruckt auf chlorfrei gebleichtem Papier.

Die Deutsche Bibliothek – CIP-Einheitsaufnahme

Settele, Josef:
Metapopulationsanalyse auf Rasterdatenbasis : Möglichkeiten des
Modelleinsatzes und der Ergebnisumsetzung im Landschaftsmaßstab
am Beispiel von Tagfaltern /
Von Josef Settele. [UFZ, Umweltforschungszentrum Leipzig – Halle GmbH]. –
Stuttgart ; Leipzig : Teubner, 1998
   ISBN-13: 978-3-8154-3542-7   e-ISBN-13: 978-3-322-85170-3
   DOI: 10.1007/978-3-322-85170-3

Umschlaggestaltung: E. Kretschmer, Leipzig

Vorwort

Die Arbeiten zu vorliegender Studie wurden von vielen Fachkollegen und Freunden auf verschiedenste Art und Weise unterstützt.

Für die zahlreichen Diskussionen und technischen Hilfestellungen, die wesentlich zur Entwicklung des Modelles beitrugen, möchte ich mich ganz besonders bedanken bei PD Dr. Achim Poethke (Mainz), Silke Bauer (Jena), Dr. Uta Berger (Bremen), Dr. Karin Frank (Leipzig), Prof. Dr. Alfred Seitz (Mainz), Christian Stelter (Leipzig) und Armin Ratz (Leipzig). Ebenso trugen viele Gespräche dazu bei, die Grundideen der Metapopulation sowohl zu verinnerlichen als auch mit kritischer Distanz zu betrachten. Hierfür bedanke ich mich sowohl bei den bereits genannten Personen als auch bei Prof. Dr. Giselher Kaule (Stuttgart), Karin Amler (Stuttgart), Dr. Volker Grimm (Leipzig), Dr. Klaus Henle (Leipzig), Dr. Joachim Kuhn (Leipzig), Dr. Michael Reich (Marburg), Dr. Doris Vetterlein (Cottbus) und Prof. Dr. Christian Wissel (Leipzig) sowie allen meinen UFZ-Kollegen der Projektbereiche „Naturnahe Landschaften" wie auch „Urbane Landschaften" und den zahlreichen Doktoranden und Mitarbeitern des FIFB. Nicht zuletzt die Diskussion im Rahmen dieses Forschungsprojektes trug wesentlich zur Entwicklung vieler hier eingeflossener Ideen bei.

Schmetterlingskundliche Spezifika waren Inhalt zahlreicher Gespräche mit Dr. Reinart Feldmann (Leipzig), Sabine Geißler (Tübingen), Dr. Jörg Gelbrecht (Königs Wusterhausen), Mario Graul (Leipzig), Wilfried Hasselbach (Alzey), Gabriel Hermann (Filderstadt), Kirsten Kockelke (Stuttgart), Dr. Wolfgang Nässig (Frankfurt), Andreas Nunner (Tübingen), Regina Pauler-Fürste (Tübingen), Rolf Reinhardt (Mittweida), Erwin Rennwald (Rheinstetten), Ronald Schiller (Leipzig), Wolfgang Seufert (Halle/Saale) und Roland Steiner (Sindelfingen).

Für die Unterstützung bei der Freilandarbeit danke ich Ulf Andrick, Karin Bink, Wolfgang Frey, Matthias Haag, Manfred Alban Pfeifer, Elk Pistorius und Michael Werner (einst alle an der Universität Kaiserslautern) sowie Karin Meyer (Saarbrücken) - ebenso den Teilnehmern meiner Lehrveranstaltungen an der Universität Hohenheim, die als Praktika teilweise die Populationsökologie der hier bearbeiteten Falter zum Inhalt hatten.

Mit zum Teil unveröffentlichten Daten bzw. wertvollen Tips zu lokalen Gegebenheiten unterstützten mich: Birgit Binzenhöfer (Zeil/Main), Sabine Geißler (Tübingen), Kirsten Kockelke (Stuttgart), Andreas Nunner (Tübingen), Regina Pauler-Fürste (Tübingen) sowie aus dem Kreis der Pfälzer Entomologen: Karl Bastian, Manfred Beierlein, Erich Bettag, Ernst Blum, Werner Kraus, Rudi Sander und Günther Wagner. Ihnen allen hiermit nochmals ein herzliches Dankeschön!

Für die Unterstützung bei der Erstellung der Graphiken und vielen technischen Details geht mein Dank an Käthe Geyler (Leipzig), Marlies Uhlig (Leipzig) und an Dr. Doris Vetterlein (Cottbus).

Für kritische Kommentare zum Manuskript sei, neben einigen bereits genannten Personen, vor allem noch Prof. Dr. Michael Mühlenberg (Göttingen) gedankt.

Besonders erwähnen möchte ich zudem Dr. Wolfgang Walter Gettmann (Düsseldorf, vormals Pfalzmuseum für Naturkunde, Bad Dürkheim), Roland VanGyseghem (Pfalzmuseum für Naturkunde, Bad Dürkheim), Prof. Dr. Werner Koch (Universität Hohenheim, Fachgebiet Agrarökologie des Institutes für Pflanzenproduktion in den Tropen und Subtropen) und Dr. Klaus Henle (Projektbereich Naturnahe Landschaften und Ländliche Räume, UFZ Leipzig-Halle), die in den Phasen, in denen ich in ihren jeweiligen Einrichtungen beschäftigt war, immer bereit waren, mich in meinem Anliegen zu unterstützen. Vor allem danke ich ihnen dafür, daß sie die Erarbeitung fachlicher Grundlagen auf langfristiger Basis als entsprechend wichtig einstuften und mir die für die Freilandstudien nötige Zeit einräumten, wenngleich dadurch andere Verpflichtungen zeitweise liegenbleiben mußten.

Die LFUG in Oppenheim unterstützte vorliegende Studie durch Erteilung entsprechender Ausnahmegenehmigungen.

Bei Dr. Konrad Martin (Hohenheim) und Dr. Michael Sommer (Hohenheim) möchte ich mich für interessante gemeinsame Jahre der Freilandarbeit und der vielfältigen Diskussion bedanken.

Ein herzliches Dankeschön auch an Doris Böhme (UFZ, Abteilung Öffentlichkeitsarbeit) und Prof. Dr. Peter Fritz (Wissenschaftlicher Geschäftsführer des UFZ) für die Unterstützung bei der Verwirklichung dieses Buchprojektes.

Besonderer Dank gebührt Jürgen Weiß, Redaktion Mathematik und Naturwissenschaften der B.G. Teubner Verlagsgesellschaft, Leipzig, für die dem Autor entgegengebrachte Geduld und die konstruktiven Kommentare zu früheren Manuskriptversionen.

Die Arbeiten zu vorliegender Studie wurden im September 1996 abgeschlossen und spiegeln den Stand des Wissens zu diesem Zeitpunkt wider. Nach einer kritischen Durchsicht innerhalb des Hauses (UFZ) wurden im Dezember 1996 noch einzelne Ergänzungen und Korrekturen vorgenommen.

Für wesentliche Beiträge zur Relativierung der oft engen fachspezifischen Sicht der Details im Speziellen und der Welt im Allgemeinen bedanke ich mich besonders bei Doris, der ich diese Arbeit widme.

Leipzig, November 1997   Josef Settele

Inhalt

1 Einleitung und Zielsetzung

1.1 Einleitung: Populationsbiologie und Landschaftsökologie

Für lange Zeit trug die Landnutzung durch den Menschen zu einer Diversifizierung der Kulturlandschaft, speziell der Agrarlandschaft, bei. Neue Ökosysteme und somit neue Habitate für Tier- und Pflanzenarten entstanden. Der Großteil dieser Systeme stand bezüglich stofflicher Faktoren sowie bezüglich des Flächenverbrauchs, verglichen mit den heutigen Landnutzungspraktiken, unter extensiver Nutzung. Die hierdurch charakterisierten Lebensräume, zu denen z.B. trockenes wie feuchtes bis naßes Grünland zu zählen sind, werden heute häufig als für den Naturschutz wertvoll eingestuft, zumal viele von ihnen, z.B. durch Intensivierung der Land- und Forstwirtschaft, einen starken Rückgang erfahren haben (Mühlenberg et al. 1996).

Im Laufe der letzten Jahrzehnte war die Kulturlandschaft also einem starken Wandel unterzogen, der meist zu einer Umkehr des Diversifizierungsprozesses führte (Erz 1983). Trotz zahlreicher Aktivitäten konnte oft der Rückgang bestimmter Arten nicht aufgehalten werden. Dies wiederum ließ an der Effizienz der praktizierten Naturschutzmaßnahmen und -strategien zweifeln, welche in Deutschland vor allem darin bestanden, zahllose Gebiete formal unter Schutz zu stellen - ohne beispielsweise Flächenansprüche für überlebensfähige Populationen oder Habitatverbundaspekte zu berücksichtigen (vgl. Henle & Mühlenberg 1996, Settele et al. 1996a). Es werden zwar häufig Maßnahmen zur Verbesserung der Überlebenschancen von Arten vorgeschlagen, diese sind aber meist nicht durch entsprechende wissenschaftliche Hintergrunddaten gestützt. Viele Entscheidungen in Landschaftsplanung und Naturschutz (die getroffen werden müssen und daher getroffen werden) erfolgen intuitiv, sind daher stets angreifbar und werden zwangsläufig kontrovers diskutiert, zumal die für eindeutigere Entscheidungen nötige fachliche Untersetzung fehlt (vgl. Roweck 1993, Bender et al. 1996).

Aufgrund dieses Sachverhalts wird in der deutschen wie internationalen landschaftsökologischen Forschung derzeit ein Schwerpunkt auf die Verbesserung des Verständnisses der auf Landschaftsebene ablaufenden Prozesse gelegt (Zusammenstellungen z.B. in Bunce & Howard 1990, Vos & Opdam 1993, Hansson et al. 1995, Settele et al. 1996b). Durch Umsetzung der daraus resultierenden Erkenntnisse soll die Effizienz von Schutz- und Managementmaßnahmen sowie von Umweltverträglichkeitsstudien verbessert werden. Hierbei wird unter anderem auf die Populationsbiologie, speziell die Populationsökologie, zurückgegriffen (vgl. Seitz & Loeschcke 1991). Die Untersuchung räumlicher Beziehungen von Populationen, häufig unter Einbindung des Werkzeugs der Populationsgefährdungsanalyse (PVA; vgl. Soulé 1987, Shaffer 1990), sind wesentlicher Inhalt derart ausgerichteter Forschungsprojekte, wie z.B. des FIFB (= Forschungsverbund Isolation, Flächenbedarf, Biotopqualität; vgl. FIFB 1993, Henle et al. 1995, Mühlenberg et al. 1996).

Da ein wesentliches Anliegen im Kontext der Landschaftsplanung der Raum- und Flächenbezug darstellt, also v.a. auch Entscheidungen zu treffen sind, die entweder als Maßnahme oder aber zumindest in ihren Auswirkungen über die Einzellokalität hinausgehen (vgl.

Kleyer et al. 1996), werden bei Berücksichtigung populationsbiologischer Sachverhalte vor allem Angaben über größere Landschaftsausschnitte benötigt. Da speziell in Agrarlandschaften aufgrund der Nutzungsdynamik ein langfristiges Überleben nur durch entsprechende Anpassung möglich ist, muß die Dynamik besondere Berücksichtigung finden.

Ein wesentlicher Beitrag zum Verständnis des Überlebens von Arten in einer dynamischen Umwelt wurde durch die Metapopulationstheorie geleistet (vgl. Poethke et al. 1996b, sowie Kap. II). Sie erklärte unter anderem das in der Natur zu beobachtende Phänomen des regionalen Überlebens durch Aussterben in und Wiederbesiedlung von diskreten Lebensräumen. Viele Grundphänomene der räumlichen Beziehungen von Populationen zueinander lassen sich über metapopulationsartige Grundmuster besser verstehen und erklären, selbst dann, wenn eine Metapopulation im eigentlichen Sinne nicht vorliegt (vgl. Kap. 2, Reich & Grimm 1996, Settele et al. 1996a).

1.2   Zielsetzung

Die vorliegende Arbeit hat das Ziel, zur Verwirklichung dieses Anliegens der Quantifizierung der Populationsdynamik auf dem Landschaftsmaßstab als Voraussetzung für effiziente Landschaftsplanung vor allem in agrarisch geprägten und somit hoch dynamischen Lebensräumen beizutragen.

Erfahrungsgemäß liegen Angaben zur Ökologie und speziell Demographie von Arten kaum für größere Flächenausschnitte vor. Allenfalls sind auf verschieden feinen Rastern Verbreitungsangaben verfügbar. Sollten diese Angaben zudem eine gewisse zeitliche Auftrennung auf Basis einer mehr oder weniger kontinuierlichen Erfassung erlauben, wäre hier grundsätzlich die Chance für eine großräumigere Analyse der räumlichen Interaktionen gegeben. Hiervon ausgehend sollten die Grundüberlegungen der Metapopulationstheorie und der darauf aufbauenden Modelle analysiert, sowie in ein zu entwickelndes Rasterdatenmodell umgesetzt werden. Mit diesem Modell sollte bei Vorliegen geeigneter Erhebungsdaten eine mehr oder weniger gute Abschätzung wesentlicher demographischer Parameter grundsätzlich ermöglicht werden.

Um speziell im Kontext der Landschaftsplanung eine weite Akzeptanz für den Einsatz populationsbiologischer Kriterien zu erzielen, und diesen damit auch den Eingang in die Standardpraxis zu verschaffen, müssen standardisierte und methodisch vereinfachte Werkzeuge gefunden werden, die es auch in begrenzter Zeit erlauben, Analysen der Populationsgefährdung durchzuführen (vgl. Hovestadt et al. 1991, Amler et al. 1996). Eine solche auch als „Biologische Schnellprognose" bezeichnete Vorgehensweise kann aber lediglich für Arten durchgeführt werden, deren Ökologie und Populationsdynamik soweit bekannt sind, daß Extrapolationen für den entsprechenden Planungsraum durchführbar sind. Es wäre hierfür ein erstrebenswertes Ziel, „Modell-Module" für die Mehrzahl der Arten besonders relevanter Tier- und Pflanzengruppen zu erstellen, die durch Informationssysteme mit Referenzdaten zur Demographie und zu quantitativen Habitatansprüchen gestützt werden (Mühlenberg et al. 1996).

Ziel der vorliegenden Arbeit war es daher weiterhin, Möglichkeiten aufzuzeigen, wie auf Basis von einfachen Verbreitungsangaben (die oft als Rasterdaten verfügbar sind oder leicht in solche überführt werden können) mit einem einfachen Modellansatz wesentliche Parameter metapopulationsartiger räumlicher Verteilungsstrukturen von Arten auf Basis einer konkreten Verbreitungskonstellation in konkreten Landschaften abgeschätzt werden könnten. Verschiedene Parameterkonstellationen sollten hierfür simuliert werden, um zu analysieren, welche von ihnen die real vorgefundenen Verhältnisse am besten beschreiben. Auf diese Weise soll ermöglicht werden, Faktoren, die methodisch bedingt schwer (z.B. Mobilität) oder fast nicht (wie Etablierung) direkt erfaßbar sind, zumindest in ihrer Größenordnung abzuschätzen.

Da Tagfalter typische Bewohner agrarisch geprägter Landschaften (historischer wie gegenwärtiger) sind und meist metapopulationsartige Strukturen aufweisen (C.D. Thomas 1995), boten sie sich grundsätzlich als Modellgruppe an. Für die Untersetzung des Modells wie auch dessen Illustration wurden drei Arten ausgewählt, die durch ihre Relevanz im Naturschutz und ihre Präsenz in nach wie vor regelmäßig genutzten Kompartimenten der Agrarlandschaft für dieses Anliegen besonders geeignet erschienen. Am Beispiel der Tagfalter soll abschließend auch gezeigt werden, in welcher Art und Weise die Ergebnisse aus den Rasteranalysen und Simulationen in die Erstellung erwähnter „Modell-Module" einfließen können.

2   Metapopulationen

2.1   Konzeptioneller Hintergrund

Räumliche Heterogenität in der Umwelt führt in der Regel zu einer mosaikartigen Verteilung von Organismen. Als Ergebnis bewohnen diese Bereiche hoher Habitatqualität und nutzen den Zwischenraum in der Regel nur zum Austausch zwischen den besseren Habitatbereichen. Viele Arten existieren in einer größeren Anzahl von Populationen, die entweder voneinander nahezu isoliert sind oder einen zwar begrenzten, aber doch regelmäßigen Individuenaustausch aufweisen. Eine Ansammlung von Populationen derselben Art, die sich in einem gewissen Austausch befinden, wird nach Burgman et al. (1993) als Metapopulation bezeichnet.

Wie bei allen räumlichen Fragestellungen kommt hierbei der Skalierung eine zentrale Bedeutung zu. Hanski & Gilpin (1991) schlagen daher zur generellen Abgrenzung der verschiedenen Ebenen (Skalen) eine Gliederung vor, die jeweils in bezug zur Biologie der betreffenden Art zu definieren ist. Die *lokale Ebene* ist die, auf der die Individuen sich normal bewegen und interagieren (fortpflanzen, ernähren). Die *Metapopulationsebene* ist die, auf der die Individuen unter Überbrückung von Flächen geringer Habitateignung gelegentlich von einer Lokalität (Population) zu einer anderen wechseln. Die *geographische Ebene* ist die der Gesamtverbreitung einer Art über die sich zu bewegen einzelne Individuen nur geringe Aussichten haben. Die Detailebene wird von Reich & Grimm (1996) weiter differenziert in eine *lokale* und eine *regionale*, die immer nur relativ zu verstehen sind. Lokal bedeutet demnach „eine einzelne, abgrenzbare Population betreffend" und regional „eine Gruppe (von mindestens zwei) lokalen Populationen betreffend" (Reich & Grimm 1996, S. 126).

2.1.1 Einzelpopulationen und deren Extinktion

Die Entwicklung des Metapopulationskonzeptes sowie dessen Veranschaulichung im Modellkontext ging zunächst von der Analyse von Einzelpopulationen und deren Extinktion aus. Die Prozesse, die für die Extinktion speziell kleiner Populationen (diese sind i.d.R. vor allem von Extinktionen betroffen) verantwortlich sind, unterscheiden sich prinzipiell nicht zwischen ver-

schiedenen Arten. Habitatgröße und -qualität bestimmen die durchschnittliche Populationsgröße und sind zweifelsohne die wesentlichsten Faktoren, die das Überleben von Populationen beeinflussen. Intra- und interspezifische Konkurrenz und Umweltschwankungen sind für
das Ausmaß von Populationsschwankungen verantwortlich (Poethke et al. 1996b). Die maximale Geburtenrate bzw. Überlebensrate der Nachkommen und die minimale Sterberate
bestimmen genauso wie das Ausmaß umweltverursachter Variabilität die Aussichten einer
Population, sich von Tiefphasen zu erholen, wie auch die Wahrscheinlichkeit, daß eine kleine
Gründergruppe bei der Kolonisation eines leeren Habitates erfolgreich sein kann (Wissel &
Stephan 1994).

Aus vielen Simulationsstudien geht generell hervor, daß bei geringen Umweltschwankungen die mittlere Lebensdauer einer Population geometrisch mit steigender Populationsgröße zunimmt. Daher sind in der Regel nur sehr kleine Populationen durch rein demographische Stochastizität gefährdbar. Unterliegen die Populationen aber starken durch Umweltein-
flüße bedingten Schwankungen, wachsen die Überlebensdauern lediglich linear oder
logarithmisch mit der Populationsgröße an (Wissel et al. 1995). Grundsätzlich verschieden
hiervon liegen die Verhältnisse, wenn Umweltkatastrophen kombiniert mit hohen Extinktionswahrscheinlichkeiten häufiger auftreten. Dies kann dazu führen, daß die Überlebensdauer
einer Population kaum von ihrer Größe sondern nahezu ausschließlich von der Häufigkeit der
Katastrophen abhängt (Poethke et al. 1996b).

2.1.2 Metapopulation: Konzept, Modelle und Konstellationen

Levins (1969, 1970) hatte das Metapopulationskonzept ursprünglich im Rahmen seiner Erfor-
schung der Möglichkeiten des Einsatzes von Räubern und Parasitoiden zur biologischen
Schädlingsbekämpfung entwickelt. Das Ziel bestand hierbei darin, einen auf diskrete Nutzflä-
chen (Habitate) verteilten Schädling zu eliminieren. Daher wurden Metapopulationsfragestellungen zunächst überwiegend im Rahmen von Zwei-Arten-Modellen (Bisystemen) untersucht.
Schließlich wandte sich Hanski (1982) dem Problem des regionalen Überdauerns einer Art zu
und entwickelte Levins' Modell weiter. Die damit einhergehende Konzentration auf bedrohte
Populationen führte, zumindest im Kontext des Konzeptes, zu einer Abkehr von den Zwei-
oder Mehr-Arten-Modellen. (Zur detaillierteren Darstellung der geschichtlichen Entwicklung
siehe Zusammenstellung in Reich & Grimm, 1996.)

Ausgangspunkt für die Konzeptentwicklung war die Beobachtung, daß es in der Natur
immer wieder zur Extinktion einzelner, aber in der Regel kaum aller Populationen einer Art in
einem bestimmten Gebiet kommt. Werden die Bereiche erloschener Populationen durch Individuen der überlebenden in vergleichsweise kurzen Zeiträumen wieder besiedelt, so liegt eine
Metapopulation vor. Bei großräumig korrelierten Umweltschwankungen, die die Dynamik
aller lokalen Populationen gleichsinnig beeinflußen, ergibt sich für die Metapopulation im
Gegensatz zu zahlreichen isolierten Einzelpopulationen keine gravierend andersartige Überlebenschance. Sind die lokalen Beeinflußungen aber überregional entkoppelt, weist die
Summe der Populationen, also die Metapopulation, eine gegenüber den Einzelpopulationen
erhöhte Überlebenschance auf (den Boer 1968, 1981).

Wie Reich & Grimm (1996) bereits betonen, ist also im Zusammenhang mit dem Metapopulationskonzept strikt zu unterscheiden zwischen dem Vorliegen einer entsprechenden
Konstellation und den durch eine derartige Konstellation mitunter begünstigten Überlebens-

bedingungen. Hier widersprechen sie sich allerdings bereits selbst, indem sie konstatieren, daß die Entkoppelung der Populationsdynamik auf lokaler und regionaler Skala für das Vorliegen einer Metapopulation von Relevanz wäre, bzw. daß bei Vorliegen einer starken Kopplung es nicht sinnvoll wäre von einer Metapopulation zu sprechen.

Das von Levins (1970) mit dem Konzept zusammen vorgestellte, wesentlich spezifischere Metapopulationsmodell ist eine stark idealisierte Darstellung, die, wie prinzipiell alle Modelle, dazu dient, den Grundgedanken eines Konzeptes, einer Theorie oder einer Hypothese zu veranschaulichen (Reich & Grimm 1996). Levins' Modell geht von gleich großen Populationen mit identischen Extinktionsraten aus, bei dem leer gewordene Habitate in gleichem Maße von allen besetzten Habitaten aus potentiell wiederbesiedelt werden. Es zeigt sich, daß bei Vorliegen derartiger Verhältnisse regionale Populationen, die sich aus lokalen zusammensetzen, u.U. (aber nicht in allen Fällen) länger überdauern als die lokalen allein.

Auf dieser Basis aufbauend wurden für spezifischere in der Natur anzutreffende Verhältnisse weitere Modellmodifikationen entwickelt. Hierbei werden neben Levins' Modell, das auch als Insel-Archipel-Modell bezeichnet wird, schwerpunktmäßig zwei weitere Grundkonstellationen von Metapopulationen diskutiert (Settele et al. 1996a): zum einen das Festland-Insel oder Trittstein-Modell (Hanski & Gyllenberg 1993), bei dem von einer großen Quellpopulation, dem „Festland", Individuen zu kleinen Habitatinseln wandern, und zum anderen ein Modell ephemerer Habitatinseln, das dem Insel-Archipel-Modell entspricht, aber sich von ihm dadurch unterscheidet, daß die Habitatinseln nur eine begrenzte Lebenszeit haben und an anderer Stelle wieder neu entstehen können (Wilson 1992).

Zwischen diesen Konstellationen existieren in realen Landschaften alle Übergangsformen. In vielen Fällen ist es mitunter zudem schwierig, zwischen völlig isolierten Einzelpopulationen, modellhaften Metapopulationen und großen, räumlich strukturierten Populationen zu unterscheiden (vgl. z.B. Abb. 1 und 2 in Settele et al., 1996a). Von einer einzelnen, räumlich strukturierten Population sollte v.a. dann gesprochen werden, wenn der Austausch zwischen Teilpopulationen sehr hoch ist und die sonst aus einer Metapopulations-Konstellation resultierenden gesteigerten Überlebenschancen, z.B. bei nicht korrelierten Umweltschwankungen, sich nicht von den Überlebenschancen der Teilpopulationen unterscheiden. Dies ist nach Frank et al. (1994) ab einer Migrationsrate von > 60 % der Fall. Um zwei Gruppen lokaler Populationen (also regionale Populationen *sensu* Reich & Grimm, 1996), die aufgrund der spezifischen Distanz als getrennt eingestuft werden, jeweils als eigene Metapopulationen bezeichnen zu können, sollte es nach C.D. Thomas (1995) zudem wenig Möglichkeit geben, daß das Gebiet dazwischen für die Tiere in näherer Zukunft geeignet werden könnte.

Die Verwendung des Metapopulations-Begriffes und die zugrundeliegende Auffassung des Metapopulationskonzeptes variiert je nach Autoren etwas. So sind nach C.D. Thomas (1995) Charakteristika von Metapopulationen:

- der gelegentliche Austausch von Individuen zwischen lokalen Populationen,

- das Vorhandensein von Kolonisations- und Aussterbeprozessen und

- das Phänomen, daß lokale Populationen eher in Gruppen als als wirklich isolierte Einzeleinheiten auftreten.

Alle lokalen Populationen einer bestimmten Art, die innerhalb der normalen Erreichbarkeit der Individuen dieser Art liegen, können als der selben Metapopulation zugehörig betrachtet werden, während viele leere Patches außerhalb dieses Abstandes liegen (C.D.

Thomas 1995). Die betreffenden Organismen sind in der Lage, innerhalb des Habitatsystemes in mehreren Schritten, d.h. in mehreren Generationen, alle Bereiche zu erreichen, wenngleich sie nicht zu einem direkten, unmittelbaren Austausch zwischen entfernteren Patches befähigt sind.

Hanski et al. (1995a) definieren vier Bedingungen dafür, daß eine Gruppe lokaler Populationen als Metapopulation bezeichnet werden kann:

- (abgrenzbare) Einzelhabitate beherbergen lokale Populationen,

- keine einzelne Population ist groß genug, um das langfristige Überleben der gesamten Metapopulation zu garantieren,

- Populationen sind nicht zu isoliert als daß keine Rekolonisation stattfinden könnte, und

- die lokalen Dynamiken sind ausreichend asynchron um gleichzeitige Extinktion unwahrscheinlich erscheinen zu lassen.

Die zweite Bedingung schließt eine Festland-Insel Situation eigentlich *expressis verbis* aus. Da aber der Begriff der „Langfristigkeit" relativ verschwommen ist und keine Population ewig überdauert, wird diese Bedingung von Poethke et al. (1996b) nicht als besonders einengend betrachtet. Zudem gibt es Beispiele, die zeigen, daß auch sogenannte Festländer oder zumindest dominante (also vergleichsweise große) Populationen unter extrem ungünstigen Verläufen aussterben können (Reich 1991, Sternberg 1995) und dann das regionale Überleben (zwar nur in extremen Ausnahmefällen, aber doch grundsätzlich denkbar) durch Insel-Populationen gesichert werden kann (vgl. Reich & Grimm 1996). Die vierte Bedingung wurde bereits im Prinzip weiter oben diskutiert. Auch hier muß nochmals betont werden, daß die Metapopulationskonstellation *per se* von der aus ihr resultierenden höheren Überlebenschance zu trennen ist, weshalb auch diese Einschränkung hier (bei der Konstellations-Definition und nicht deren Auswirkungen!) nicht greift.

Nach Reich & Grimm (1996, S. 126) ist eine Metapopulation „eine (regionale) Population von (lokalen) Populationen, wobei die folgenden vier Bedingungen erfüllt sein müssen:

- Die lokalen Populationen besitzen eine eigene Dynamik, d.h. sie sind von anderen Populationen abgrenzbar;

- Wenigstens einige der lokalen Populationen sind so klein oder so bedroht, daß früher oder später mit ihrem Aussterben zu rechnen ist;

- Die lokalen Populationen bzw. Habitate stehen durch dispergierende Individuen miteinander in Wechselwirkung;

- Dispergierende Individuen müssen in der Lage sein, infolge Aussterbens leer gewordene bzw. neu entstandene Habitate wiederzubesiedeln bzw. zu besiedeln, d.h. Populationen aufzubauen, die ihrerseits Kolonisatoren bereitstellen."

Unter Berücksichtigung aller vorgestellten Definitionen und den diskutierten Sachverhalten ist letztendlich eine Metapopulation ausreichend dadurch definiert, daß lokale Populationen gelegentlich aussterben und neue gebildet werden. Dies hat selbstverständlich dispergierende Individuen zur Voraussetzung, die in der Lage sind, sich in entsprechend geeigneten Habitaten (unabhängig davon ob zuvor bereits einmal durch die Art besiedelt oder nicht) zu etablieren. Entscheidend ist zusammenfassend lediglich die Anzahl der Austauschvorgänge und der Etablierungserfolg. Ist der Austausch sehr häufig, liegt eine einzige Population vor, liegt er seltener aber dennoch regelmäßig vor, kann von einer Metapopulation gesprochen werden. Die Abgrenzung der Metapopulation zur Gesamtverbreitung der Art macht es aber auch nötig, sehr seltene Austauschereignisse nicht mehr als Metapopulation sondern als Austausch zwischen mehreren Metapopulationen oder Metapopulationen und relativ isolierten Einzelpopulationen zu betrachten. Würden diese nicht abgegrenzt, so würde die Gesamtverbreitung einer Art als Metapopulation zu definieren sein, was das Konzept zu einem gewissen Grade überflüssig machen würde.

2.1.3 Verfügbarkeit empirischer Daten

Derzeit erleben die Metapopulationstheorie und auf sie aufbauende Umsetzungskonzepte zwar eine rasche Entwicklung (z.B Opdam 1990, 1991, Hanski & Gyllenberg 1993, Frank et al. 1994, Hanski 1994a, 1994b. Poethke & Wissel 1994, Frank & Berger 1996, Poethke et al. 1996a, 1996b, Settele et al. 1996a, 1996b), doch sind nach einer Literaturanalyse von Harrison (1991) empirische Daten speziell zur Organismen, bei denen eine Balance zwischen lokaler Extinktion und Kolonisation gegeben wäre, extrem selten. Hingegen identifizierte sie drei Kategorien von Metapopulations-Dynamiken, zu denen in erster Linie empirische Daten vorliegen:

- Festland-Insel Populationen in denen die Persistenz von der Existenz einer Extinktionsresistenten Population abhängt (dies wäre nach Bedingung 2 von Hanski et al., 1995a, keine Metapopulation);

- mosaikartig verteilte Populationen, in denen die Dismigration so hoch ist, daß das System effektiv eine einzige extinktionsresitente Population darstellt (also auch hier ist je nach Definition der Metapopulationsbegriff nicht angebracht, s.o. beim Zitat Frank et al. 1994); und

- Metapopulationen im Nicht-Equilibrium, in denen die lokalen Extinktionen im Zusammenhang mit dem Gesamtrückgang der Art stehen.

Ihre Beobachtungen legen nahe, daß Informationen sowohl zur lokalen wie auch zur regionalen Dynamik in Kombination mit dynamischen Inzidenz-Modellen („occupancy models") so selten wie essentiell sind. Dieses Detailniveau ist nur, wie auch Burgman et al. (1993) feststellen, auf Basis umfangreicher Datensätze zu erreichen.

Eine Bestandsaufnahme von 87 Publikationen mit empirischen Daten zu (vermeint-lichen) Metapopulationen von Reich & Grimm (1996) zeigte, daß in knapp 2/3 der Studien keine Metapopulation vorlag, oder zumindest nicht ausreichend belegt war. In nur etwa 1/5 der Studien wurden die drei zentralen Prozesse „Aussterben", „Dispersal" und „Kolonisierung" wirklich nachgewiesen. Ein Viertel der Arbeiten weist überhaupt keinen dieser Prozesse nach. Reich & Grimm (1996) resümieren, daß trotz einer Fülle von Veröffentlichungen immer noch erhebliche Defizite bei fundierten Langzeitstudien, sowie u.a. bei Quantifizierungen für ein Dispersal über größere Distanzen und über den Ablauf von Kolonisierungsvorgängen bestehen.

2.2 Quantifizierung von Metapopulationsparametern

Um die Dynamik von Metapopulationen und deren Relevanz für das Überleben einer Art analysieren zu können, werden, nach Hanski (1994a), Poethke et al. (1996a, 1996b), Frank & Berger (1996) und übereinstimmend zahlreichen weiteren Autoren, für die Einzel- bzw. Teilpopulationen Daten zur Überlebenswahrscheinlichkeit bzw. Inzidenz benötigt. Diese ist abhängig von der

- Extinktion, welche wiederum von der Kapazität des Habitates abhängt, und der
- Kolonisation, die abhängig ist von der Erreichbarkeit des Habitates und der Etablierung im Habitat.

Derartige Daten können nach Settele et al. (1996a) vor allem durch Erfassungsprogramme gewonnen werden, die langfristig genug sind und Wiederholungen umfassen, um beobachtete Extinktionen und Neubesiedlungen ausreichend quantifizieren zu können, oder/und durch Analysen demographischer Parameter und deren Verwendung zur Simulation der Dynamik von Metapopulationen.

In Kapitel 4.1.3 sind Ergebnisse beider Ansätze exemplarisch am Beispiel der Tagfalter zusammengefaßt. Weitere Beispiele (auch für Reptilien) finden sich in Settele et al. (1996a). Die generellen quantitativen Zusammenhänge zwischen diesen einzelnen Faktoren und Parametern von Metapopulationen, sowie die im Zusammenhang mit den spezifischen, für das Anliegen dieser Studie nötigen bzw. möglichen Modifikationen, werden im folgenden Kapitel ausgeführt.

3 Umsetzung theoretischer Grundlagen - Modellentwicklung für Rasterdaten

3.1 Zur Datenbasis für den Einsatz des Rasterdatenmodells

Bei der Geländearbeit ist es erfahrungsgemäß schwierig, sobald ein größerer Bereich erfaßt wird, entsprechend zuverlässige Habitatabgrenzungen vorzunehmen. Zudem wird bei großflächigeren kontinuierlichen Flächen (potentiellen) Habitates einer Art es extrem aufwendig, alle Bereiche adäquat zu erfassen. Flächendeckende Erhebungen erfordern einen sehr hohen Zeitaufwand und bedingen, daß bei freilandökologischer Forschung häufig nur kleine Landschaftsausschnitte bearbeitbar sind.

Sollen größere Datensätze (also solche über größere Gebiete) erhoben werden, kann dies nur durch stichprobenartige Vorgehensweise erfolgen, basierend auf einer groben Einschätzung der potentiellen Eignung der zu untersuchenden Flächen für die jeweilige Art. Je nach Enge des Stichprobenrasters lassen sich dann die Ergebnisse z.B. in Karten unterschiedlicher Maßstäbe darstellen. Da in der Regel der Kenntnisstand über die Verbreitung von Tieren (und teils auch Pflanzen) extrem lückenhaft ist, kann bei den meisten Arten nur durch Betrachtung relativ grober Flächeneinheiten ein dann beispielsweise bei biogeographischen Fragestellungen zwangsläufig nur auf sehr kleinen Maßstäben gültiges Bild gewonnen werden.

Diese Ungenauigkeit wird mit zunehmender Enge des Erfassungsrasters geringer. Das Grundproblem bleibt aber identisch, zumindest bei Arten, die in den entsprechenden Landschaften in großen Teilbereichen potentiell auftreten können. Arten mit hoher Spezialisierung und zusätzlicher Seltenheit der potentiellen Habitate sind hierbei meist relativ gut lückenlos erfaßbar, weshalb zu diesen meist genauere Verbreitungsanalysen vorliegen als für solche mit einer weiteren Ausdehnung ihrer potentiellen Habitatflächen.

Um zunächst prinzipiell alle (Tier-)Arten trotz dieser Schwierigkeiten mit einem einheitlichen Schema erfassen und bearbeiten zu können, bieten sich Rasterdaten (graphisch normalerweise in entsprechende Rasterkarten umgesetzt) an. Je nach Genauigkeit der Datenbasis kann eine vergleichende Betrachtung auf dem Niveau der am schlechtesten von den zu vergleichenden - im jeweiligen Bezugsraum erfaßten - Arten hiermit durchgeführt werden.

Auf relativ grobem Raster (z.B. von 10 bis 15 km Quadranten-Seitenlänge aufwärts) liegen relativ lückenlos Daten für viele Arten der mitteleuopäischen Kulturlandschaft vor. Für einige Taxa kann aber zumindest auf regionalem Niveau bereits auf Basis von 5 km-Quadranten auf eine gute Datenbasis zurückgegriffen werden. Exaktere kontinuierliche Angaben für einen größeren Landschaftsausschnitt liegen meist nur bei spezifischen, systematisch durchgeführten Erfassungen vor; und auch hierbei mit abnehmender Häufigkeit je euryöker die betrachteten Organismen sind oder je weiter die Arten zumindest potentiell verbreitet sein könnten. Besondere Schwierigkeiten verursachen hierbei auch Arten, die einer hohen Dynamik unterliegen und deren Habitate zwar als potentielle Habitate weit verbreitet sind, die aber nur unter entsprechenden Bedingungen eine tatsächliche Habitateignung, und diese dann oft nur für sehr begrenzte Zeit, aufweisen.

Zur letztgenannten Kategorie sind, unter mehr oder weniger starker Ausprägung der zeitlichen Dimension der Dynamik, wohl die meisten Arten der Kulturlandschaft, hierbei vor allem wieder solche regelmäßig genutzter Landschaftskompartimente (z.B. Wiesen, Weiden, Äcker), zu rechnen. Bei genau diesen Arten ist eine ausgeprägtere Metapopulationsdynamik (oder zumindest eine stark an diese erinnernde Dynamik) zu erwarten.

Um nun angesichts der Probleme der Erfassungsdichte und der Genauigkeit der Abgrenzung potentieller Habitate kombiniert mit dem Anliegen einer Analyse der Parameter der Populationsdynamik betreffender Arten in größeren Kulturlandschaftsausschnitten zu einer praktikablen Synthese zu gelangen, wurde ein Modell entwickelt, mit dessen Hilfe es prinzipiell möglich sein sollte, diese Ziele auf Basis von Rasterdaten zu erreichen.

Voraussetzung für den sinnvollen Einsatz des Modells sind möglichst vollständige Verbreitungsdaten auf dem entsprechenden Betrachtungsmaßstab für mindestens zwei bis drei Generationen (was bei univoltinen Insekten zwei bis drei Jahren entspricht, bei bivoltinen entsprechend weniger). Es müssen hierbei die Daten nicht notwendigerweise aus hintereinanderfolgenden Jahren stammen. Die zu erwartenden Aussagen sind stark vom gewählten Maßstab abhängig. Exakte Analysen aus größeren Landschaftsausschnitten wären hierbei ideal. Im Rahmen dieser Arbeit werden derartige Daten beispielhaft aufbereitet. Analysen auf kleineren Maßstäben (also auf Basis größerer Quadranten) sind hier nicht durchgeführt worden. Das prinzipiell dafür nötige Instrumentarium steht hiermit aber zur Verfügung, so daß Vergleiche auf verschiedenen Maßstabsebenen damit möglich werden.

3.2 Modellentwicklung für Rasterdaten

Wie in der Einführung bereits erwähnt, soll das Modell dazu dienen, verschiedene Parameterkonstellationen „durchzuspielen", um zu analysieren, welche von ihnen die real vorgefundenen Verhältnisse am besten beschreiben. Aufgrund meist geringer Kenntnis der detaillierten gegenseitigen Abhängigkeiten wurde hierfür auf plausibel erscheinende Funktionen zurückgegriffen, wie sie auch von Hanski (1994a) aufgestellt und von Poethke et al. (1996a) weiterentwickelt wurden. Grundsätzlich könnten aber auch andere einfache Ansätze verwendet werden. Im Wesentlichen handelt es sich im Folgenden um eine Fortsetzung und Weiterentwicklung der Ideen von Hanski (1994a, und andere - siehe Literaturverzeichnis). Hierbei ist es wesentlich, zu beachten, daß eine Vorgehensweise wie die vorgestellte nur bei Vorliegen einer großen Anzahl von Patches (hier = Quadranten) mit Daten über mehrere Generationen sinnvoll ist.

Das Grundmodell wurde als Programm in PASCAL 6.0 geschrieben (Detailaufbau siehe Anhang 2). Mit dessen Hilfe lassen sich wesentliche Grundparameter von Metapopulationen berechnen, die dann die Basis für die Ableitung weiterer zur Gesamtanalyse nötiger Faktoren darstellen (siehe Kap. 3.2.3).

3.2.1 Datenmatrix

Das Modell kann für qualitative wie quantitative Datensätze verwendet werden. Unter qualitativen Datensätzen werden Anwesenheits/Abwesenheits-Angaben verstanden, unter quantitativen darüber hinausgehende Angaben zu den Populationsgrößen der zu analysierenden Organismen.

Jeder Datensatz repräsentiert eine Generation einer Art mit ihren jeweiligen Verteilungen und ggf. zugehörigen Populationsgrößen in einem definierten Landschaftsausschnitt. Letzterer kombiniert mit der Genauigkeit der Erfassung, also mit dem Maßstab, ergibt ein entsprechendes Quadranten-Raster. Die Anzahl an Quadranten entspricht dann der Anzahl der Einzelwerte pro Datensatz. Die Anzahl Datensätze steht für die zu analysierenden Generationen.

> Die Verbreitungs- (oder besser: Nachweis-)Karten der rechten Hälfte von Abb. 4.1 und die Karten in Abb. 4.2 beispielsweise illustrieren dieses Prinzip. Es ist jeweils derselbe Ausschnitt der Landschaft erfaßt. Bei einer Auflösung von 500 m Quadranten-Seitenlänge resultieren daraus 5600 Einheiten, bei 5 km hingegen lediglich 56. Demzufolge umfaßte ein Datensatz für eine Analyse 5600 bzw. 56 Einzelwerte.

Als Eingabeparameter werden folgende Zahlenangaben verwendet:

-1: nicht analysierte Bereiche bzw. nicht geeignete Habitate (also auch keine potentielle Eignung);

0: potentielle Habitate, in denen die Art bei der entsprechenden Erfassung nicht nachgewiesen werden konnte;

$1-\infty$: Populationsgröße (oder entsprechender Parameter) der Art im jeweiligen Quadranten (bei Anwesenheits/Abwesenheits-Daten entsprechend „1" für Anwesenheit)

3.2.2 Berechnung von Metapopulations-Grundparametern auf Basis des Modells

Die einzelnen im Zusammenhang mit Metapopulationen zu beachtenden Parameter und deren Relevanz wurden in Kap. 2.2 bereits angesprochen. Um diese Parameter zu quantifizieren, sind auf Basis der in der Datenmatrix enthaltenen Freilanddaten Berechnungen notwendig, die auf den oben genannten theoretischen Grundüberlegungen basieren.

Anliegen des Modelleinsatzes sind die Berechnung folgender Werte und Faktoren:

M_j Mittlere Anzahl von Immigranten einer Art in die Fläche bzw. den Quadranten j im Kontext der Konstellation in der Gesamtlandschaft (pro Jahr bzw. pro Generation),

K_j Kapazität eines Habitates einer (z.T. potentiellen) Population j,

J_j Inzidenz einer Population j,

welche für die Vergleiche von realer und prognostizierter Inzidenz (Kap. 3.2.3) unabdingbare Voraussetzung sind.

Ansatz für die Ermittlung von M_j (= mittlere Anzahl Immigranten in die Fläche j). Die mittlere Anzahl von Immigranten in eine einzelne Population ist ein Maß für die Erreichbarkeit eines Habitates (bzw. eines Quadranten). Für ihre Berechnung kann beispielsweise die Gleichung von Poethke et al. (1996 a, leicht modifiziert) verwendet werden:

$$M_j = p_m * \Sigma J_i * K_i * m(r) \tag{3.1}$$

wobei

p_m Migrationswahrscheinlichkeit nach Poethke et al. (1996a, definiert als Anteil der Tiere an einer Gesamtpopulation, der die Population verläßt),

J_i Inzidenz der Population i (Anwesenheitsnachweis als Anteil der Gesamterfassungen im Gebiet i, bzw. Quadranten i; i steht hierbei für alle Quadranten, aus denen Tiere in den Quadranten j einwandern),

K_i Kapazität des Habitates der Population i (s. u.) und

$m(r)$ Wahrscheinlichkeit des Erreichens einer Zielfläche (diese hier vereinfacht als Kreis mit dem Durchmesser d definiert) in Entfernung r durch ein einzelnes gestartetes Tier nach Poethke et al. (1996 a).

Für das Anliegen der Rasterdatenbearbeitung wurde $p_m = 1$ gesetzt, da Dismigration hier zunächst als jede Art der Ortsbewegung aufgefaßt wird und jedes Tier sich bewegen wird. *De facto* werden Bewegungen bis zu 0,5*Rasterdatenauflösung (also bei 500m-Rastern Bewegungen von durchschnittlich bis zu 250m) aufgrund der Entfernungs-Klasseneinteilung nicht registriert. Ebenso kann das Rastermodell nicht zwischen Bewegungen innerhalb eines Habitates (so sich dieses über eine Länge von mehr als der Quadrantenseitenlänge der maximalen Auflösung, also beispielsweise 500m, erstreckt) und Bewegungen zwischen Habitaten (die aber weniger als beispielsweise genannte 500 m auseinanderliegen) unterscheiden. Es wird vereinfachend also ein fließender Übergang zwischen Bewegung im Habitat und eigentlicher Dismigration unterstellt. Dies dürfte aber im Prinzip keine Probleme verursachen, da über größere Bereiche gemittelt, eine der jeweiligen Art entsprechenden Auswahl der Quadrantengröße zu einer Näherung führen dürfte, die Bewegungen im Habitat als innerhalb des Quadranten liegend „behandelt" und Dismigration zwischen verschiedenen Quadranten.

Des weiteren wurde die Grundgleichung (3.1) modifiziert in:

$$M_j = \Sigma \, m(r)\,' * N_i \tag{3.2}$$

wobei

N_i Größe der Population i, welche berechnet wird als Mittelwert der Populationsgrößen in den verschiedenen Generationen im jeweiligen Quadranten (Summe der Populationsgrößen/Anzahl der Erfassungen; dies entspricht $J_i * K_i$ *sensu* Poethke et al., 1996a)

und

$m(r)'$ Wahrscheinlichkeit, daß ein einzelnes gestartetes Individuum eine Zielfläche (des Durchmessers d und) der Entfernung r vom ursprünglichen Standort erreicht. Die von Poethke et al. (1996a) abweichende Bezeichnungsweise wurde gewählt, da im vorliegenden Zusammenhang die zugrundeliegende Vorgehens- und Berechnungsweise abweicht und $m(r)'$ eine Verallgemeinerung von $m(r)$ ist. Von Poethke et al. (1996a) wird $m(r)$ für den Fall verwendet, daß r deutlich größer als der Durchmesser d der Zielfläche (Z) ist. Die von ihnen durchgeführte differenzierende Berechnung von $\rho(r)$ ist auf das Spezifikum zurückzuführen, daß die dort als Beispiel gewählte Heuschrecke bis zu einer Entfernung von 250 m zunächst eine Zunahme und erst dann eine allmähliche Abnahme der Wahrscheinlichkeit aufweißt, daß sie ihre Dismigration in der Entfernung r von der Startfläche beendet. Eine Beschreibung von $\mu(r)$, also der Wahrscheinlichkeit, mit der die Tiere auf einem definierten Abschnitt der Zielfläche ankommen, ist unter Konstellationen sehr variabler Zielflächengrößen in den bei Poethke et al. (1996a) simulierten Verhältnissen wesentlich, unter den Bedingungen gleich großer Zielflächen aber *per definitionem* nicht relevant.

Ansatz:

$$m(r)' = p_m' * \alpha/360 \qquad (3.3)$$

wobei

p_m' Anteil an der Gesamtpopulation N_j bzw. N_i, der eine bestimmte lineare Entfernung r zurücklegt.

Berechnung:

$$p_m' = \exp^{(-m'*rij)} \qquad (3.4)$$

wobei wiederum

m' Migrationsparameter $[km^{-1}]$ und

r_{ij} Entfernung [km] zwischen zwei Quadranten i und j,

und

α maximaler Winkel eines Kreissegmentes zwischen Mittelpunkt der Ausgangsfläche und den Enden des Durchmessers der Zielfläche (Z) (Winkel auf Seite der Ausgangsfläche); folglich ist $\alpha/360$ der Anteil dieses Winkels am Vollkreis um die Ausgangsfläche.

Berechnung (nach Bogenmaß):

$$\alpha = (\arctan*0{,}5d/r_{ij})*(180/\pi)*2 \qquad (3.5)$$

Wird Gleichung (3.3) in Gleichung (3.2) eingesetzt, so erhält man:

$$M_j = \Sigma\, p_m \cdot {}^* \alpha/360 * N_i \qquad\qquad (3.6)$$

Die erläuterten Gleichungen bilden die Basis für die Berechnungen von M_j im Rahmen des Modells (siehe Anhang 2).

Berechnung von K_j (= Kapazität der Fläche j). Wie z.B. bei Poethke et al. (1996a) und Hanski (1994a) dargelegt, kann die Extinktionsrate einer Population j, die eine wesentliche Komponente der weiter unten berechneten Parameter darstellt, eine Funktion der Populationsgröße Nj sein. Diese wiederum kann als Maß für die Kapazität herangezogen werden, zumal wenn andere Möglichkeiten, wie z.B. die Definition über die Flächengröße (siehe Hanski 1994a), nicht gegeben sind. Die Dynamik von Populationen, speziell umweltbedingte Schwankungen der Populationsgrößen, beeinflußt die Extinktionsrate wesentlich (Nisbet & Gurney 1982, Wissel et al. 1995). Dies wirkt sich auch auf die Grundannahmen der Kapazitätsschätzungen auf Basis von Populationsgrößen aus.

Wird davon ausgegangen, daß die umweltbedingten Schwankungen derart sind, daß sie zu gelegentlichen Extinktionen führen, wenngleich das Habitat grundsätzlich seine Eignung als Lebensraum behält (z.B. bei witterungsbedingten oder rein demographischen Schwankungen, vgl. z.B. Witkowski & Adamski 1996), so wird die Habitatkapazität auch dann, wenn keine Tiere vorhanden sind, nicht gleich 0 sein. Als Näherung kann sich die Kapazität eines Habitates dann als die über die Jahre gemittelte Größe der dort vorhandenen Populationen berechnen lassen - ohne die Jahre der Abwesenheit mit einfließen zu lassen. Potentiellen Habitaten, aus denen keine Populations-Nachweise vorliegen, kann hierbei, wie z.B. bei Poethke et al. (1996a), der niedrigste bei belegten Habitaten berechnete Kapazitätswert zugewiesen werden. Die K_j auf Basis dieses Berechnungsverfahrens wird im Rahmen dieser Studie als K_b bezeichnet.

Wird hingegen davon ausgegangen, daß umweltbedingte Schwankungen, die zu gelegentlichen Extinktionen führen, einhergehen mit der zumindest kurzzeitigen Nicht-Eignung des Habitates (z.B. bei stark nutzungsbeeinflußten Habitaten, bei denen die Nutzung sich gravierend auf die kurzzeitige Habitateignung und somit Kapazität im Sinne eines Erlöschens derselbigen auswirkt - wohingegen sie andererseits langfristig durchaus eine unabdingbare Voraussetzung für die Aufrechterhaltung eines Habitat- und damit Kapazitäts-Entwicklungspotentials darstellen kann), wäre die Kapazität aus allen Populationsgrößen der verschiedenen Jahre, einschließlich der 0-Jahre, zu ermitteln. Nicht besetzten potentiellen Habitaten würde dann ebenso die Kapazität 0 beigemessen. Eine K_j, die in ihrer Berechnung hierauf basiert, wird als K_a bezeichnet.

Diese Überlegungen bilden hier die Basis für Simulationen extremer Verhältnisse, um zunächst zumindest Näherungen zu erreichen. In der Realität werden sicherlich die verschiedensten Übergänge anzutreffen sein, und ein grundsätzlich geeignetes Habitat, das nur über lange Zeit nicht erreicht wird, kann keine 0-Kapazität aufweisen.

3.2.3 Inzidenzprognose

Grundlagen der Inzidenzprognose. Die Schätzung bzw. Ableitung weiterer (unbekannter) Metapopulationsparameter erfolgt aufbauend auf den Ergebnissen der Modellberechnungen auf Basis von Simulationen verschiedener Parameterkonstellationen. Es werden die Konstellationen ermittelt, die die vorgefundenen Freiland-Verhältnisse am besten annähern. Auf Basis entsprechender theoretischer Erwägungen und publizierter Grundannahmen für Metapopulationskonstellationen werden hierbei für alle potentiellen Habitate Inzidenzen prognostiziert. Diese werden dann mit den beobachteten Inzidenzen verglichen. Auf Basis der Summe der Quadrate der entsprechenden Abweichungen der prognostizierten von den tatsächlichen Inzidenzen werden die Parameterkonstellationen mit den geringsten Abweichungen ermittelt. Die so ermittelbare durchschnittliche Abweichung für alle Quadranten bildet schließlich die Grundlage für die Darstellung der Ergebnisse der verschiedenen Simulationen.

Kernstück dieser Vorgehensweise ist die Berechnung der prognostizierten Inzidenz einer lokalen Population j (bzw. hier eines Quadranten j), die mit $J_{progn\,j}$ bezeichnet wird. Sie gibt die Wahrscheinlichkeit an, mit der diese Population in einer bestimmten Generation vorzufinden ist. Sie kann nach Hanski (1994a) zunächst nach folgender Gleichung berechnet werden:

$$J_{progn\,j} = C_j / (E_j + C_j) \tag{3.7}$$

Hierbei steht E_j für die Extinktionswahrscheinlichkeit (vgl. Gleichungen 3.9 und 3.10) und C_j für die Kolonisationswahrscheinlichkeit (vgl. Gl. 3.11 und 3.12) einer lokalen Population j (bzw. hier eines Quadranten j).

Bei Berücksichtigung des Umstandes, daß der Zustrom von Immigranten die Extinktionswahrscheinlichkeit einer Population reduziert (rescue effect) geht Hanski (1994a) von folgender Grundgleichung aus:

$$J_{progn\,j} = C_j / [E_j (1 - C_j) + C_j] \tag{3.8}$$

Für eine ausreichend genaue Approximation der Extinktionswahrscheinlichkeit E_j kann nach Poethke et al. (1996a) folgender Ansatz gewählt werden:

$$E_j = E_0 * \exp^{(-Kj\,/\,K0)} \tag{3.9}$$

Über Simulationen für deren spezifischen Fall (einer Metapopulationskonstellation für die Heuschrecke *Platycleis albopunctata*) hatten Poethke et al. (1996a) für $E_0 = 1$ und für $K_0 = 9{,}77$ abgeleitet. Die Simulationen stützen sich auf Analysen der Dynamik lokaler Populationen, speziell auf die des Populationswachstums. Diese basieren entweder auf guten autökologischen Daten zum Überleben und zur Nachkommenproduktion, oder aber werden durch Anpassung eines Wachstumsmodells an Daten von Langzeitbeobachtungen der Abundanz einer Population erreicht (letzteres von Poethke et al., 1996a, durchgeführt). Wesentliche hierfür zu ermittelnde Faktoren sind die maximale Nachkommenzahl λ und ein Dichteregelungsexponent β. Des weiteren wird der Einfluß von Umweltschwankungen über daraus resultierende, unterschiedlich starke Fluktuationen σ berücksichtigt, welcher aufgrund meist geringer Datenverfügbarkeit für viele Arten nur sehr schwer abgeschätzt werden kann. Für die so gewonnenen bzw. z.T. geschätzten Werte von λ, β und σ läßt sich jeweils die Abhängigkeit der Extinktionswahrscheinlichkeit von der Habitatkapazität K_j aufzeigen. Dieser Zusammenhang bildet die Basis für die Analyse der Extinktionswahrscheinlichkeiten einzelner Populationen wie sie in obiger Gleichung angegeben sind.

In vorliegender Konzeption wird von der Verfügbarkeit mehrjähriger Daten zur Kapazität der einzelnen Habitate ausgegangen (siehe Kap. 3.2.2), so daß die Herangehensweise durch einen Vergleich der gefundenen Verhältnisse mit den unter verschiedenen Szenarien prognostizierten erfolgen kann. Somit kann aus Vereinfachungsgründen hier auch auf E_0 verzichtet werden. Für genanntes Anliegen kann die Berechnung der Extinktionswahrscheinlichkeit über die Gleichung:

$$E_j = \exp^{(-e\,*\,Kj)} \tag{3.10}$$

erfolgen, wobei

$\quad e \qquad$ ein zu ermittelnder Extinktionsparameter.

Die Berechnung der Kolonisationswahrscheinlichkeit C_j folgt nach Hanski (1994a) der Gleichung:

$$C_j = 1 - \exp^{(-Mj)} \tag{3.11}$$

und unter Berücksichtigung des Allee-Effektes:

$$C_j = M_j^2 \,/\, (M_j^2 + y^2) \tag{3.12}$$

wobei

$\quad y \qquad$ ein zu ermittelnder Kolonisations- oder Etablierungsparameter.

Parameter-Simulation zum Vergleich beobachteter mit prognostizierter Inzidenz. Die unterschiedlichen Parameterkombinationen können auf Basis eines einfachen Kalkulationsprogrammes durchgespielt werden, das entsprechend den Angaben in Tab. 3.1 aufgebaut ist. Als Ergebnis jedes Simulationslaufes, also jeder Parameterkonstellation, wird die Summe der quadrierten Werte der Abweichungen der prognostizierten von den beobachteten Inzidenzen jeder einzelnen Population (bzw. jedes Quadranten) berechnet. Aus dieser kann dann nach Division durch die Anzahl der analysierten Populationen (Quadranten) über die Wurzel die durchschnittliche Abweichung aller prognostizierten Inzidenzen von den im Freiland festgestellten ermittelt werden [= „$\sqrt{(\Sigma/n)}$"; unten in der letzten Spalte von Tab. 3.1]. Die Parameterkonstellationen mit den geringsten durchschnittlichen Abweichungen sind am besten in der Lage, die vorgefundenen Konstellationen zu beschreiben und werden daher als der Realität am nächsten liegend betrachtet (Plausibilitätskriterium).

Tabelle 3.1: Grundschema der Tabellenkalkulation für die verschiedenen Parameter-Kombinations-Szenarien

j	K_j	E_j	M_j	C_j	J_j	$J_{progn\,j}$	$(J_{progn\,j} - J_j)^2$
1	K_1	E_1	M_1	C_1	J_1	$J_{progn\,1}$	$(J_{progn\,1} - J_1)^2$
2	K_2	E_2	M_2	C_2	J_2	$J_{progn\,2}$	$(J_{progn\,2} - J_2)^2$
3	K_3	E_3	M_3	C_3	J_3	$J_{progn\,3}$	$(J_{progn\,3} - J_3)^2$
...	...	...	...	...	...	...	...
...	...	...	...	...	...	...	...
n	K_n	E_n	M_n	C_n	J_n	$J_{progn\,n}$	$(J_{progn\,n} - J_n)^2$
Resultat							$\sqrt{(\Sigma/n)}$

4   Einsatz des Rasterdatenmodells: Erläuterung und Diskussion am Beispiel von Tagfaltern

4.1   Tagfalter und Metapopulationen - derzeitiger Kenntnisstand

4.1.1   Einführung

Die Tagfalter[1] sind unter den Invertebraten zu den ökologisch relativ gut bearbeiteten Gruppen zu rechnen. Sie wurden bislang als eine von sehr wenigen Insektengruppen auch im Kontext der Betrachtung ganzer Landschaften intensiver populationsökologisch untersucht (Ehrlich & Murphy 1987, Hanski et al. 1994, 1995b). Daher liegen auch vergleichsweise gute Vorstellungen zur Funktionsweise der Dynamik von Populationen in derartigen Bezugsräumen, und somit auch von potentiellen Metapopulationskonstellationen vor. Zudem spielen sie aus verschiedensten Gründen (Kenntnisstand, Bearbeitbarkeit, Populariät etc.; vgl. Kriterien nach Reck et al. 1994 oder Mühlenberg et al. 1996) im Naturschutz eine zentrale Rolle. Ähnliche Bedingungen sind unter den Invertebraten nur noch für wenige weitere Gruppen gegeben (z.B. für Heuschrecken, Libellen oder Laufkäfer). Diese Faktoren waren ausschlaggebend dafür, im Rahmen dieser Studie Vertreter dieser Gruppe intensiver zu bearbeiten.

C.D.Thomas (1995) geht davon aus, daß die meisten Tagfalter, die geschlossene lokale Populationen aufweisen (das ist die Mehrzahl der Arten in Mitteleuropa, vgl. auch Warren 1992), als Metapopulationen existieren, also Kolonisations- und Aussterbeprozesse aufweisen, wobei wirklich isolierte Einzelpopulationen seltener auftreten als Gruppen von Teilpopulationen.

Für die Analyse solcher Metapopulationsverhältnisse werden Daten zur Überlebenschance von lokalen Populationen wie auch zur Ausbreitungsfähigkeit der Tiere benotigt (vgl.

---

[1]Die Nomenklatur der Tagfalter richtet sich bei den wissenschaftlichen Namen nach Nässig (1995), bei den deutschen Namen nach Weidemann (1995).

Kap. 2.2). Falls Naturschutzmaßnahmen im jeweils relevanten Maßstab geplant sind, muß bekannt sein, welche lokalen Populationen zu einer einzigen Metapopulation gehören (Settele et al. 1996a).

4.1.2 Ausbreitungsfähigkeit von Tagfaltern

Alle umfangreicheren Werke über unsere Tagfalter schweigen sich aufgrund der wenigen verfügbaren Daten und der Schwierigkeiten diese zu erheben bezüglich genauerer Angaben zur Mobilität aus. In einer der aktuellsten Arbeiten zum Thema versucht Shreeve (1995) für die britische Tagfalterfauna eine Gliederung anhand der von den Tieren bewohnten Habitaten, vor allem indirekt über die Zuordnung der Lebensräume zu bestimmten Sukzessionsstadien und deren Dauerhaftigkeit. Die daraus gewonnene Klassifizierung ist für die Zwecke des Einsatzes im Rahmen von Metapopulationsanalysen allerdings noch sehr grob. Es bedarf einer exakteren Eichung solcher Gruppen von Tieren ähnlicher Mobilität auf Basis zahlreicher Einzelbeispiele, um daraus dann evtl. Klassifizierungen für Arten bestimmter Lebensraumtypen vornehmen zu können (vgl. Settele & Poethke 1996).

Direkte Analysen

Für nur wenige Arten liegen Ergebnisse direkter Mobilitätsanalysen auf Basis von Fang-Markierungs-Wiederfang-Untersuchungen vor, die über die meist engen Grenzen eines Habitates hinausreichen. Der prozentuale Austausch auf lokaler Ebene hängt hierbei von der Art, dem Abstand zwischen den Habitaten und der Dauer und Intensität der Untersuchung ab. Vor allem letztgenannter Faktor dürfte generell dazu führen, daß die Mobilität von Schmetterlingen fast immer unterschätzt wird (Turchin et al. 1991, Settele et al. 1995). Im Rahmen direkter Mobilitätsanalysen wurden zudem bislang keine Effekte der zufälligen Verteilung („Verdünnung") in der Landschaft quantifiziert. Folglich sind die Ergebnisse solcher Studien nur als Anhaltspunkte für die minimal von der jeweiligen Art in der entsprechenden landschaftlichen Konstellation überwindbaren Entfernungen verwendbar. Alle Umsetzungsvorschläge in Settele et al. (1996a) basieren ebenso hierauf.

Indirekte Ableitung

Ableitung aus Kolonisationsereignissen. Eine erfolgversprechende Methode, um Anhaltspunkte zur Mobilität von Tagfaltern (und auch anderen Gruppen) zu gewinnen, besteht darin, Kolonisationsereignisse in zuvor unbesetzten Lebensräumen aufzuzeichnen. Hierfür müssen in einem definierten Gebiet möglichst lückenlose Angaben zur Anwesenheit der Art und der Größe der potentiellen bzw. tatsächlichen Habitate vorliegen und diese dann bezüglich der größten Entfernung belegter Bereiche zum nächsten belegten Bereich in Abhängigkeit von der Patch-Größe interpretiert werden. Auf diese Weise können relativ gut indirekt Angaben zur Mobilität der Tiere abgeleitet werden.

Kolonisationen vormals unbesetzter Lebensräume wurden von C.D.Thomas (1995) für einige detaillierter analysierte Arten zusammengestellt. Die Daten ließen hierbei bei allen Arten eine Abhängigkeit von der Entfernung vom nächsten besiedelten Habitat, bei einigen anderen Arten zudem von der Größe der neu besiedelten Bereiche erkennen. Wobei lediglich beim Argus-Bläuling *Plebeius argus* keine Besiedlungen über Entfernungen von über 1 km auftraten. Der Wachtelweizen-Scheckenfalter *Melitaea athalia* erreichte Neubesiedlungen in

Entfernungen von 2-3 km, während beim Komma-Dickkopf *Hesperia comma* und dem Mattscheckigen Braundickkopf *Thymelicus acteon* dies über Entfernungen bis zu 10 km geschah.

Somit waren zwar starke Unterschiede im Verbreitungspotential der Arten gegeben, dennoch zeigten sie alle Charakteristika von Metapopulationen. Bei allen vier Arten zusammengenommen war insgesamt letztlich nur eine wirklich isolierte Population festzustellen, was impliziert, daß einzelne, isolierte Populationen selten für längere Zeit überleben. Sie sterben entweder aus oder es werden neue Habitate besiedelt und Metapopulationen entstehen.

Im Rahmen populationsökologischer Studien am Kreuzenzian-Ameisenbläuling *Glaucopsyche rebeli* von Kockelke et al. (1994) wurde ein neues Vorkommen der Art in einer Entfernung von ca. 3 km zum nächsten Bestand (dem Hauptuntersuchungsgebiet der Studie) nachgewiesen. An einem kleinen Bestand der zumindest im Gebiet einzigen Larvenfraßpflanze, dem Kreuzenzian *Gentiana cruciata* LINNAEUS, wurden 56 Eier der Art gefunden, die alle vom selben Weibchen abgelegt worden sein dürften (Settele et al. 1995). Hierbei kann mit ziemlicher Sicherheit von einer neuen Besiedlung (oder zumindest einem neuen Erreichen) eines Habitates ausgegangen werden, zumal die geringe Eizahl und der Umstand, daß die Art dort zuvor nie nachgewiesen wurde, es unwahrscheinlich macht, daß hier eine Reliktpopulation vorgelegen sein könnte.

Weitere Daten zu derart ermittelten Kolonisationsereignissen, die auch Schlüsse auf die Mindestausbreitungsfähigkeit zulassen, sind in Settele et al. (1996a) zusammengestellt.

Ableitungen aus Kolonisationsereignissen und Kenntnis regionaler Verbreitung. Die Ermittlung indirekter Angaben zur Mobilität stoßen allerdings bei der Verfügbarkeit entsprechender lokaler Verbreitungsanalysen an ihre Grenzen. Die unabdingbare Vollständigkeit der Angaben innerhalb des jeweiligen Bezugsraumes macht intensive Erfassungen der Arten in einem engen Raster nötig.

Durch die enge Bindung an den relativ seltenen und daher flächendeckend kartierten Kreuzenzian, ist es beispielsweise bei *G. rebeli* möglich, alle potentiellen Habitate in einem kleinen Gebiet zu erfassen und somit die wesentlichen Rahmenbedingungen für indirekte Mobilitätsnachweise zu gewährleisten. Derart günstige Bedingungen sind allerdings nur in extremen Ausnahmefällen gegeben. Oft liegen selbst auf relativ groben Rastern nur halbwegs brauchbare Verbreitungsdaten vor (vgl. Settele 1990b).

Generell gilt dies für Tagfalter zumindest in der gesamten Bundesrepublik. Die Datenbasis in den Neuen Bundesländern ist im Vergleich allerdings wesentlich besser als in den Alten Bundesländern und vor allen Dingen auch in zusammenfassenden Publikationen zugänglich (z.B. in Reinhardt & Thust 1993). Versuche, die Verbreitung der Arten in den westlichen Bundesländern zusammenfassend darzustellen, blieben in ihren ersten Ansätzen stecken. Lediglich Schreiber (1976) veröffentlichte Karten einiger Gruppen, die vor allem die Lückenhaftigkeit unseres Wissens bzw. die Unfähigkeit der Zusammenarbeit entsprechender Fachkreise dokumentierten.

In den letzten Jahren hat sich die Lage allerdings insofern verbessert, als daß für einige Bundesländer sehr gute Zusammenstellungen des Kennisstandes angefertigt, leider bislang aber nur zum Teil veröffentlicht wurden (z.B. Ebert & Rennwald 1991a, 1991b). Diese sind ein erster wichtiger Schritt und regen vor allem auch dazu an, den Kenntnisstand zumindest auf groben Rastern zu verbessern und zu vervollständigen. Systematische lokale Verbreitungsanalysen auf relativ engem Raster, wie sie für Metapopulationsfragestellungen nötig wären, sind aber auch in diesen Bundesländern Mangelware (vgl. z.B. Ergebnisse lokaler Verbreitungsanalysen von Kockelke et al., 1994, zum Kreuzenzian-Ameisenbläuling *G. rebeli* oder von Pauler et al., 1995, zum Quendel-Ameisenbläuling *Glaucopsyche arion*).

Auf nationaler Ebene liegen gute Angaben zur Verbreitung von Tagfaltern z.B. in den Niederlanden von Tax (1989) oder durch die Arbeit von „de Vlinderstichting" (Wageningen), in Großbritannien durch Arbeiten beispielsweise von Pollard & Yates (1993) oder Emmet & Heath (1989) oder auch für Österreich durch Reichl (1992) vor. Aber auch hier kann nur in Ausnahmefällen auf detailliertere Daten zurückgegriffen werden, die wirklich die Möglichkeit geben, häufig vorliegende Metapopulationskonstellationen beispielsweise in Naturschutzkonzepte und -maßnahmen mit einfließen zu lassen.

Ableitung aus genetischen Analysen. Als elegantere Lösungen könnten genetische Ansätze Verwendung finden. Zumindest erlauben diese nach Poethke et al. (1996a) brauchbare Abschätzungen der Mobilität. Doch auch hier bedarf es noch der Analyse vieler Arten und der entprechenden Diskussion der Ergebnisse im Kontext von Metapopulationen (vgl. Veith & Seitz 1995, Veith et al. 1996).

4.1.3 Empirischer Wissensstand zu Metapopulations-Konstellationen und deren Relevanz für Tagfalter

Beispiele für Metapopulations-Konstellationen

Festland-Insel- und Archipel-Konstellationen und deren räumliche bzw. zeitliche gegenseitige Ablösung. Metapopulationen des bereits erwähnten Argus-Bläulings *P. argus* in den englischen South Stack Cliffs setzen sich zusammen aus mehreren lokalen Populationen, von denen jede in ihrer Größe ziemlich ähnlich ist und bei der aufgrund der ephemeren Natur des Heidehabitats (selbst große Populationen sterben gelegentlich aus) alle Populationen von vergleichbarer Wichtigkeit sind (C.D.Thomas & Harrison 1992). Diese Konstellation entspricht dem ursprünglichen Metapopulationsmodell von Levins (1970). Eine Metapopulation der gleichen Art auf Kalkmagerrasen des Great Orme in Nord Wales hingegen existiert in Form einer großen strukturierten Population, die sich mehr oder weniger kontiuierlich über einen Berghang zieht („Festland"). Lediglich kleinere periphere Habitate unterliegen lokaler Kolonisation und Extinktion. Ebenso sind einige dieser Habitate häufiger unbesetzt. Somit dominiert ein einzelnes Habitat („patch") eine gesamte Metapopulation (vgl. Harrison et al. 1988). Andere Metapopulationen von *P. argus* liegen zwischen diesen beiden Extremen. Es existiert also ein Kontinuum von Metapopulationen mit durchweg gleichen Patches (Levins-Typ) bis hin zu 'mainland-island' Metapopulationen, je nach räumlicher Konfiguration.

Die Analyse und Rekonstruktion der historischen Verbreitungsentwicklung von Hochmoorvegetation bewohnenden Tagfaltern im Gebiet des Pfälzer Waldes und der Westricher Moorniederung (Rheinland-Pfalz) von Settele et al. (1992; angeregt durch Heuser 1958) ergab, daß durch die mittelalterliche Teichwirtschaft eine Ausbreitung ursprünglich auf einen einzigen Moorbereich begrenzter Falter stattgefunden haben muß. Die Tiere konnten sich bis zu einer Entfernung von ca. 40 km Luftlinie von den Ursprungsgebieten in den Moorvegetation tragenden Teichverlandungszonen etablieren. Durch die Aufgabe der meisten Teiche erlebten die Arten dann ab der Wende zum 20. Jahrhundert wieder starke Bestandeseinbußen.

Heute existieren nur noch kleine Reliktpopulationen. Insgesamt war die Anlage der Teiche für das Überleben dieser Arten - zumindest bis zum heutigen Tage - essentiell, zumal ihre ursprünglichen Lebensräume in der Moorniederung seit 30 bis 50 Jahren nicht mehr existieren.

Die betreffenden Arten haben zunächst von einem 'mainland' aus verschiedene Inseln besiedelt. Dortige erfolgreiche Vermehrung führte zur etappenweisen Besiedlung weiterer Habitate, woraus schließlich eine Archipel-Konstellation resultiert haben dürfte. Schließlich folgte die Rückentwicklung hin zur totalen Isolation einzelner Populationen, die bereits im letzten Jahrhundert begonnen haben könnte, als die Teichwirtschaft mehr und mehr zurückging (Weber 1981, Roweck et al. 1988). Nunmehr auf die Einzelpopulationen einwirkende Katastrophen, wie z.B. das zeitweise Trockenfallen durch Dammbruch bei einigen Teichen, konnten nach Wiederherstellung der ursprünglichen Bedingungen nicht mehr kompensiert werden, da der potentielle Lebensraum nicht mehr durch verbliebene Populationen erreichbar war (vgl. Settele et al. 1992, 1996a).

Source-Sink-Konstellationen. Nach Angaben von Warren (1994) liegen beim Abbiß-Scheckenfalter *Euphydryas aurinia* Verhältnisse vor, bei denen wandernde Individuen, die einen guten Fortpflanzungslebensraum („source") verlassen, in einem Habitat geringerer Qualität („sink") ankommen. Dieser wird viel eher aufgrund wiederholter Zuwanderung besiedelt, als daß dort die Tiere zu einer erfolgreichen Fortpflanzung in der Lage wären. In vielen potentiellen Habitaten waren die Tiere immer wieder nur temporär anzutreffen. Allerdings konnten sie sich in diesen Bereichen nachweislich zeitweise auch fortpflanzen. In solchen Phasen ist dann streng genommen keine sink-Situation mehr gegeben (vgl. Reich & Grimm 1996). Es zeigt sich auch hier, daß einfache Klassifikationen immer nur situationsbezogen, also zeitlich und räumlich begrenzt, greifen und nur teilweise geeignet sind, um eine Art als solche grundsätzlich zu charakterisieren.

Falter mit offenen Populationen. Ein kleinerer Teil unserer Tagfalterfauna weist offene Populationen auf. Wenngleich auch diese Arten Ressourcen mit einer mosaikartigen Verteilung nutzen, so fliegen die Adulten doch scheinbar nach Belieben in die Habitate ein und wieder aus, wobei jedes Tier viele Habitate während seines Lebens besucht (Harrison 1991, 1994). Diese Arten nutzen kleine Bereiche, die über so große Gebiete verteilt sind, daß sie mit den bei den meisten Tagfaltern (mit mehr oder weniger geschlossenen Populationen) gängigen Methoden nur schwer erforschbar und somit im planungsrelevanten Maßstab auch nur schwer gezielt zu schützen sind (C.D.Thomas 1995). Würde der Maßstab aber gravierend verändert, wäre es durchaus denkbar, auch bei solchen Tieren Metapopulationsstrukturen aufzudecken. Hierfür wären jedoch Analysen über mehrere Staaten bzw. Teile von Kontinenten hinweg vonnöten, wie sie allenfalls bei Arten in Ansätzen existieren, die auf sehr breites öffentliches Interesse stoßen, wie z.B. dem Monarch (*Danaus plexippus* L.). Diese Gruppe von Tagfaltern ist durch die geschilderten Eigenschaften zwar durch Ausgrenzung von den anderen mehr oder weniger einfach abzutrennen, weitere Klassifikationsmerkmale können aber bislang nur sehr allgemein beschrieben werden (vgl. Kap. 5.3).

Überlebenschancen lokaler Populationen im Metapopulationskontext

Große Populationen in großen, qualitativ hochwertigen Lebensräumen sind weit weniger vom Erlöschen bedroht als kleine in kleinen oder schwächer ausgestatteten Habitaten. Deutlich wird dies bei typischen Festland-Insel-Konstellationen (Harrison et al. 1988) und speziell beim Extremfall der Source-Sink-Konstellationen (Warren 1994).

Aber auch unter den häufigeren intermediären Bedingungen kann die potentielle Bedeutung von Rückzugspopulationen gut anhand der Dynamik des Komma-Dickkopfs (*H. comma*) während der letzten 50 Jahre in einigen Gebieten Englands demonstriert werden (C.D.Thomas & Jones 1993). Die Art benötigt kurzgehaltene (stark beweidete) Kalkmagerrasen. Als diese Bereiche Mitte der 1950er Jahre aufgrund des Myxomatose-bedingten Rückganges der Beweidung durch Kaninchen zuwuchsen, überlebte die Art noch in etwa 45 Lokalitäten in Form isolierter Populationen für 20 - 30 Jahre. Durch Pflegemaßnahmen und die allmähliche Erholung der Kaninchen dürfte mittlerweile wieder eine Eignung von etwa 150 weiteren Habitaten für die Art erreicht worden sein. Dies führte zu einer langsamen Rekolonisierung, doch sind bislang noch über 100 dieser Habitate unbesetzt. Aufgrund der starken Isolation vieler geeigneter Bereiche dürfte bis zu einer vollständigen Wiederbesiedlung noch längere Zeit vergehen.

4.1.4 Kombination von Empirie und Modellierung zur Simulation der Dynamik von Tagfalter-Metapopulationen

Wie bereits gezeigt, impliziert der Umstand, daß seltene Arten meist als Metapopulationen existieren, nicht, daß jede lokale Population für das langfristige Überleben von gleicher Wichtigkeit ist. Dies war auch aufgrund theoretischer Erwägungen, die in entsprechende Modelle mit eingeflossen sind, nicht zu erwarten (Harrison 1991, 1994, Frank et al. 1994). Wie hier dürfte der Einsatz von Modellen, die auf empirischen, demographischen Daten aufbauen, der einzig langfristig erfolgversprechende Weg sein, um Metapopulationskonstellationen adäquat analysieren und die Ergebnisse in einer praxisrelevanten Form umsetzen zu können (Frank & Berger 1996, Poethke et al. 1996a, 1996b). Dies setzt zunächst an bei der Verwendung demographischer Parameter als Basis von Analysen der Überlebenschancen lokaler Populationen.

Beispielsweise wurden die Schlüsselfaktoren der Gefährdung lokaler Populationen des Quendel-Ameisenbläulings *Glaucopsyche arion* basierend auf freilandökologischen Arbeiten (Pauler et al. 1995, Pauler-Fürste et al. 1996) und umfangreichen Literaturstudien analysiert und auf dieser Basis Szenarien bezüglich der Überlebenschancen einer lokalen Population durchgespielt (Poethke et al. 1994, Griebeler et al. 1995). Die Ergebnisse der Simulationen zeigen, daß die untersuchte Population von der Verteilung der Wirtsameise des Schmetterlings, *Myrmica sabuleti* MEINERT 1860, und deren relativen Anteile zu anderen Ameisenarten stark abhängig ist. Eine hohe Dichte der Ameisennester erhöht die Überlebenschancen des Bläulings erheblich. Diese Resultate sind ein erster Schritt für die Beurteilung der Überlebenschancen von Populationen, jedoch noch losgelöst vom Metapopulationskontext.

Simulationen lokaler Populationen von *G. rebeli*, dem Kreuzenzian-Ameisenbläuling, in anderen europäischen Staaten durch Hochberg et al. (1992, 1994) halfen, wesentliche Parameter lokaler Populationen zu quantifizieren und die Voraussetzungen für relativ stabile, also wenig schwankende Bedingungen zu analysieren. Diese können ebenfalls als erster Schritt in Richtung auf die Analyse von Metapopulationen betrachtet werden. Ausgehend von einer weitgehenden Isolation der Populationen dieser Art sind möglichst stabile Rahmenbedingungen, die auch gegenüber vielen Umweltfaktoren kaum empfindliche Populationsschwankungen zeigen, eine wesentliche Voraussetzung, ohne Habitatverbund längere Zeit zu überleben.

Nutzungsbedingte Katastrophen (wie zu frühe Mahd oder zu intensive Beweidung, vgl. Kockelke et al. 1994 oder Settele et al. 1995) können aber auch hier nicht ausgeschlossen werden, weshalb die Berücksichtigung der Metapopulationsstruktur für effektive Schutzstrategien wesentlich ist.

Die wohl besten und umfassendsten derzeit existierenden Metapopulationsanalysen unter Einschluß demographischer Parameter und ausgedehnter Verbreitungsanalysen einer Tagfalterart liegen von Ehrlich & Murphy (1987), Harrison et al. (1991), Weiss et al. (1993), Foley (1994) und weiteren Autoren derselben Arbeitsgruppe für die geographisch eng begrenzt vorkommende Unterart *bayensis* STERNITZKY des nordamerikanischen Scheckenfalters *Euphydryas editha* BOISDUVAL und von Hanski et al. (1994, 1995b; sowie weitere Arbeiten aus der Arbeitsgruppe) für den europäischen Wegerich-Scheckenfalter *Melitaea cinxia* vor.

Melitaea cinxia. Von 1502 einzelnen Habitat-Patches, die die Gesamtverbreitung von *M. cinxia* in Süd-Finnland umfassen, wurde die Art in 536 Patches nachgewiesen. Die Analyse von lokalen Populationsstrukturen, der Dismigration zwischen benachbarten Populationen, der Aussterbewahrscheinlichkeit der größten lokalen Population (dies entspricht den oben genannten Simulationen isolierter Einzelpopulationen) sowie von Rekolonisierungsraten und der Synchronisierung der lokalen Populationsdynamik (genauer: deren Asynchronie) zeigt, daß das langfristige Überleben der Art auf der Balance zwischen stochastischer lokaler Extinktion und Rekolonisierung beruht. Alle lokalen Populationen im behandelten System sind so klein, daß die langfristige Überlebensfähigkeit der Art basierend auf lokalen isolierten Populationen nicht zu gewährleisten ist. Lokale Populationen von *M. cinxia* verhalten sich asynchron. Dies wird durch zwei Faktoren bestimmt: 1) die Interaktion zwischen Auswirkungen des Wetters und der Habitatqualität auf die lokale Dynamik (Effekte vergleichbar der relativen Standortskonstanz bzw. ökologischen Kompensation) und 2) die Parasitierung durch Schlupfwespen, deren Grad von Population zu Population stark variiert und die selbst einer Metapopulationsdynamik unterliegen.

Euphydryas editha. Der Scheckenfalter *E. editha bayensis* existiert als Unterart in zwei Metapopulationen in Kalifornien (Ehrlich et al. 1975, Murphy et al. 1990). Er weist geringe Dismigrationsraten auf (Ehrlich 1961) und lebt in mosaikartig verteilten Habitaten. Die lokalen Populationen fallen häufigen Extinktionen zum Opfer (Ehrlich et al. 1980). Harrison et al. (1988) studierten die Ökologie einer dieser Metapopulationen, die aus einem großen (2000 ha) und etwa 60 kleineren Bereichen (0,1 - 250 ha) geeigneten Habitates besteht. Die Kapazität der Bereiche ist quantifizierbar durch Flächengröße, Topographie und Ressourcenangebot. Die Verteilung besetzter und unbesetzter Habitate wurde von Harrison et al. (1988) durch Einsatz eines Simulationsmodells vorhergesagt, wobei die Dismigrationsrate als negative Exponentialfunktion der Distanz von der Hauptpopulation ausgedrückt wurde. Dieser Grundtyp der Funktion wurde z.B. bereits empirisch von Wolfenberger (1946) und über Simulationsmodelle von Kitching (1971) festgestellt. Der Zusammenhang wurde von Kitching (1971) durch folgende Gleichung beschrieben:

$$m = \exp^{(-d/c)} \qquad\qquad (4.1)$$

wobei

m = Dismigrationsrate (%-Satz der Ausgangspopulation,
der pro Zeiteinheit die Population verläßt),

d = Abstand zwischen Ausgangs- und Zielhabitat und

c = Konstante für die durchschnittliche Distanz,
 die ein dismigrierendes Tier pro Zeiteinheit zurücklegt.

Für *E. editha bayensis* wurde von Harrison et al. (1988) ein c von 1,7 km ermittelt. Wird dies in (4.1) eingesetzt, so resultiert daraus:

$$m = \exp^{(-0,59*d)} \tag{4.2}$$

Insgesamt war festzustellen, daß die Dismigrationsrate der Hauptpopulation einen wesentlich das Muster der Habitatbesetzung beeinflussenden Faktor darstellt, speziell nach größeren Störungen. Eine solche Störung war beispielsweise eine starke Dürre, die die Extinktion der meisten Subpopulationen verursachte. Kleine Populationen müßten um Dimensionen höher liegende Emigrationsraten aufweisen als große Populationen, um das Inzidenzmuster der Metapopulation signifikant zu beeinflussen.

Für beide Scheckenfalter liegt jeweils die ideale Kombination demographischer Daten aufbereitet mit Simulationsmodellen zu lokalen Populationen und annähernd vollständiger Daten zur Metapopulationsstruktur vor. Trotz der relativ umfangreichen Datengrundlage, die als ideale Voraussetzung für ein Simulationsmodell zu betrachten ist, betonen Hanski et al. (1995b) aufgrund zahlreicher theoretischer wie praktischer Probleme, daß dennoch nur qualitativ und keine quantitativ richtigen Vorhersagen (in Form exakter Aussterbewahrscheinlichkeiten) möglich sind.

4.2 Fallstudie für die Umsetzung des Rasterdatenmodells: ausgewählte Tagfalter der Grünlandbereiche der Pfälzischen Rheinebene

4.2.1 Auswahl von Region und Arten

Auf Basis der in Kapitel 4.1.1 erläuterten Argumentation war die Entscheidung zur Bearbeitung von Tagfaltern im Rahmen dieser Studie gefallen. Mit Hilfe eines Kriterienkataloges wurde nun in mehreren Schritten die Auswahl der für die Fragestellung sinnvollerweise zu untersuchenden Tagfalterarten und - damit zwangsläufig verbunden - des Untersuchungsraumes vorgenommen. Wesentlich waren hierbei als
 a) generelle Voraussetzungen:
- Tagfalter zumindest teilweise inselartig in der Kulturlandschaft verbreiteter und in der neueren Geschichte fragmentierter Habitate (vgl. Settele et al. 1996b);
- Tagfalter von Habitaten, die einer starken Dynamik unterliegen;
- guter Kenntnisstand zu Biologie und Ökologie (siehe Kap. 4.2.2);
- vorhandener oder zügig zu erreichender guter Kenntnisstand zur regionalen Gesamtverbreitung (siehe Kap. 4.2.3).
 b) Voraussetzungen bezüglich der Datenerhebung für den Einsatz des entwickelten Modells:
- zuverlässige Datenbeschaffung im Freiland (Zugänglichkeit der Biotope und zügige Nachweisbarkeit der Arten);

- mindestens eine Generation pro Jahr, um eine entsprechende Anzahl von Generationen in überschaubarer Zeit erfassen und entsprechende Modellgrundüberlegungen (vgl. Stelter et al. 1996) anwenden zu können (bei Tagfaltern durchweg gegeben);
- hohe Anzahl potentiell geeigneter Biotope (vgl. Abb. 4.2);
- regional zwischen den Arten unterschiedliches Verbreitungsbild (vgl. Abb. 4.2);
- metapopulationsartige (und zwischen den Arten unterschiedliche) Verbreitungsstrukturen vorstellbar.

c) Voraussetzungen für die Umsetzungsrelevanz der Ergebnisse im Naturschutzkontext (vgl. auch Kap. 4.1.1 und Kriterien nach Reck et al. 1994 und Mühlenberg et al. 1996):

- Lebensräume wie Arten von überregionaler und/oder regionaler Naturschutzrelevanz (vgl. Tab. 4.1);

Als demnach sehr gut geeignete Arten waren drei Bläulinge ausgewählt worden (vgl. Kap. 4.2.2):

- *Glaucopsyche (Maculinea) nausithous* BERGSTRÄSSER 1779, Dunkler Wiesenknopf-Ameisenbläuling;
- *Glaucopsyche (Maculinea) teleius* BERGSTRÄSSER 1779, Heller Wiesenknopf-Ameisenbläuling;
- *Lycaena dispar* HAWORTH 1803, Großer Feuerfalter.

Tabelle 4.1: Gefährdungskategorien und naturschutzbezogene
Einstufungen der drei untersuchten Bläulinge

Art	Pfalz Roesler (1980)	Rheinl.-Pfalz Bläsius et al. (1987)	BRD 1984 Pretscher (1984)	BArt-SchV	Europa Heath (1981) *	BK/FFH Gruttke (1996)	Welt Groombridge (1993)
Glaucopsyche nausithous	2	2	3	I	E	BK/FFH	E
Glaucopsyche teleius	2	2	3		E	BK/FFH	E
Lycaena dispar	2	1	2	I	E	BK/FFH	E

Legende:

1: Vom Aussterben bedroht; 2: Stark Gefährdet; 3: Gefährdet; jeweils nach Roter Liste;

I: Vom Aussterben bedrohte Arten laut Fettdruck in Anhang 1 der BArtSchV (Bundes-Arten-Schutz-Verordnung; 18. Sept. 1989);

E: Endangered; höchste Kategorie für Europa nach Heath (1981) wie auch global nach Groombridge (1994; aktuellste IUCN-Einstufung), europaweit sind 11 (sowie 4 weitere Arten, die in Europa aber ihre extreme Verbreitungsgrenze erreichen) und weltweit 25 Schmetterlingsarten dieser Kategorie zugeordnet;

BK/FFH: Arten des Anhanges II - „Streng geschützte Tierarten" - der Berner Konvention (=BK; COUNCIL OF EUROPE 1989, 1990, 1992) sowie auch des Anhanges II der Fauna-Flora-Habitat-(FFH-)Richtlinie: „Tiere und Pflanzen von gemeinschaftlichem Interesse, für deren Erhaltung besondere Schutzgebiete ausgewiesen werden müssen" und des Anhanges IV derselben Richtlinie „Streng zu schützende Tier- und Pflanzenarten von gemeinschaftlichem Interesse" (vgl. Gruttke 1996 und EU 1992);

*: nach einer aktuelleren Zusammenstellung von Munguira et al. (1993) gehören alle drei Arten zu den häufigst im europäischen Rahmen als naturschutzrelevant eingestuften Bläulingsarten.

Eine Kombination des Vorkommens dieser drei Arten und die Erfüllung der genannten Lebensraum-Kriterien ist in der Oberrheinebene gegeben.

Die Oberrheinebene kann als repräsentativ für eine intensiv genutzte, agrarisch dominierte Gesamtkulturlandschaft betrachtet werden. Die drei Arten sind als Bewohner des (feuchten) Grünlandes in Lebensräumen mit starker Dynamik anzutreffen. Wiesen und Weiden sind im Gebiet sowohl als größere kontinuierliche Bereiche, vor allem entlang der Fluß- und Bachtäler, als auch als vereinzelt in die sonstige Landschaft eingestreute Flecken vorzufinden. Da aus arbeitstechnischen Gründen innerhalb des Rheingrabens ein engeres Testgebiet abzustecken war, und zudem als Extreme auch Habitate bearbeitet werden sollten, die beispielsweise als Restbestände in ansonsten sehr großflächige und kontinuierliche Bereiche anderer Nutzung eingebettet sind (bzw. durch diese Nutzung fragmentiert wurden), fiel die Entscheidung aufgrund des Weinanbaus schließlich auf die sog. „Pfälzische Rheinebene" (zur Geographie der Region siehe Geiger et al. 1991). Bearbeitet wurde dort dann fast die gesamte dem Pfälzer Wald östlich vorgelagerte Rheinebene (Südgrenze: Lauter/Grenze zu Frankreich; Westgrenze: Pfälzer Wald; Ostgrenze: Rhein; Nordgrenze: ca. Linie Bad Dürkheim - Ludwigshafen).

Nach Gruttke (1996) sollen die Arten der Berner Konvention und der FFH-Richtlinie als sogenannte „Flaggschiff-Arten" die Rolle von Bannerträgern für den Schutzbedarf einiger besonders gefährdeter Habitattypen übernehmen. Zu diesen Habitaten zählt auch extensiv bewirtschaftetes Grünland, das in vorliegendem Zusammenhang Gruttke (1996) zufolge im BK/FFH-Rahmen durch *G. teleius* und *G. nausithous* abgedeckt wird. Die Auswahl des Grünlandes als Untersuchungsobjekt trägt somit zusätzlich zur direkten Naturschutzrelevanz dieser Studie bei, wenngleich darin nicht das primäre Ziel der Arbeit zu sehen ist (sondern vielmehr im Aufdecken von Grundprinzipien).

Das Augenmerk, das der Naturschutz auf das Grünland richtet, liegt im Oberrheingebiet u.a. auch in der geschichtlichen Entwicklung der Verbreitung begründet. Nach P.Thomas (1990) fand z.B. im nördlichen Oberrhein ein drastischer Wandel der Grünlandnutzung während der letzten 40 Jahre statt. Aufgrund der Strukturveränderungen in der Landwirtschaft nahm der Grünlandanteil zumindest in einigen Teilbereichen demnach um fast 80% ab. Das Zugvieh und somit viele Grünlandbereiche wurden zunächst überflüssig, bevor schließlich die meisten Nebenerwerbslandwirte die arbeitsintensive Viehhaltung aufgaben (P.Thomas 1990). Diese Entwicklung dürfte zu einer starken Fragmentierung der Grünlandbereiche geführt haben, so daß auch dieser im Naturschutz als sehr relevant eingestufte Aspekt (vgl. Zusammenstellung in Settele et al. 1996b) hier näher beleuchtet werden kann.

Aufgrund dieser historischen Entwicklung und auch wegen des teilweise als schutzwürdig eingestuften Arteninventars (vor allem auf botanischer Basis, siehe aber die hier behandelten Tagfalterarten) werden mittlerweile häufig naturschutzorientierte Maßnahmen zur Erhöhung von Qualität und Quantität des Grünlandes ergriffen, wobei nach P.Thomas (1990) die Schwerpunkte in der Erhaltung bzw. Extensivierung des vorhandenen Grünlandes wie auch der Neuanlage von Grünland zu erkennen sind.

Für die Ziele dieser Untersuchung waren somit gute Rahmenbedingungen gegeben. Die Arbeiten sollen zum einen vor allem für Naturschutz und Landschaftsplanung in Zentralbereichen der vom Menschen genutzten und damit geprägten Landschaft konzeptionell weiterführen, zum anderen beitragen zur Quantifizierung wesentlicher Parameter der Anpassung von

Arten an Landnutzungssysteme. Daraus abzuschätzen wären weiterhin Konsequenzen für die Umsetzung im Naturschutz für die konkret analysierten Arten.

4.2.2 Kurzcharakterisierung von Biologie und Habitatpräferenzen der Falter

Die Wiesenknopf-Ameisenbläulinge

Die beiden Wiesenknopf-Ameisenbläulinge *Glaucopsyche nausithous* und *G. teleius* zählen zu den ökologisch hochspezialisierten Arten, die ihre Larvalentwicklung in Bauten von Knötchenameisen (Gattung *Myrmica*) zum Abschluß bringen. Beide Arten sind univoltin und fliegen von Anfang/Mitte Juli bis Anfang/Mitte August, wobei *G. teleius* in der Regel etwas früher auftritt und auch wieder verschwindet (Ebert & Rennwald 1991b).

Die Eiablage erfolgt bei beiden Arten stets zwischen die aufblühenden Blütenköpfe der einzigen Raupenfraßpflanze, dem Großen Wiesenknopf (*Sanguisorba officinalis* LINNAEUS), einer typischen Pflanze frischen bis feuchten Grünlandes. Nachdem die Larven die ersten drei Larvenstadien dann endophytisch im Fruchtknoten der Pflanze lebten, verlassen sie dieses Substrat und werden von den *Myrmica*-Ameisen aufgegriffen und in deren Bau gebracht. Im Bau lebt *G. teleius* und wahrscheinlich auch *G. nausithous* räuberisch (J.A.Thomas 1995). Die Verpuppung erfolgt ebenso im Ameisenbau. Wirtsameisen sind nach J.A.Thomas et al. (1989) bei *G. nausithous* die Rotgelbe Knotenameise *Myrmica rubra* LINNAEUS 1758 und bei *G. teleius* vor allem *M. scabrinodis* NYLANDER 1846 (Hauptwirt) sowie auch *M. rubra* (Nebenwirt). Die erwachsenen Tiere beider Arten bevorzugen *S. officinalis* zudem als Nektarpflanze, wobei *G. nausithous* fast nur diese nutzt, während *G. teleius* ein etwas breiteres Nektarpflanzenspektrum aufweist (Ebert & Rennwald 1991b, eigene Daten). Wesentliche Requisiten beider Arten leiten sich direkt aus den biologischen Ansprüchen ab - die Anwesenheit des Großen Wiesenknopfes und der jeweiligen *Myrmica*-Ameise(n).

Die besiedelten Habitate sind Feuchtwiesen bis hin zu offenen Mähwiesen mit reichlichen Beständen des Großen Wiesenknopfes. Die Tiere sind oder zumindest waren in den letzten Jahrzehnten häufig syntop anzutreffen. Im Untersuchungsgebiet hat sich dies jedoch zuungunsten von *G. teleius* stark verschoben (vgl. Abb. 4.1).

Der Große Feuerfalter

Der Große Feuerfalter, *Lycaena dispar*, hat in Mitteleuropa mehrere Unterarten ausgebildet. Die Tiere im Oberrheingraben zählen zu der bivoltinen ssp. *rutilus* WERNEBURG, 1864. Die Flugzeit der I. Generation reicht von Mitte/Ende Mai bis etwa Mitte/Ende Juni, die der II. liegt zwischen Ende Juli und Anfang September.

Die Larven der Art leben bevorzugt von nicht sauren Ampfern, nach Ebert & Rennwald (1991b) im Oberrheingebiet vor allem an Fluß- oder Teich-Ampfer *Rumex hydrolapathum* LINNAEUS, an Stumpfblättrigem Ampfer *R. obtusifolius* LINNAEUS, an Krausem Ampfer *R. crispus* LINNAEUS und sehr vereinzelt auch an Wiesen-Sauer-Ampfer *R. acetosa* LINNAEUS. Pullin et al. (1995) betrachten hierbei wie Ebert & Rennwald (1991b) den Teich-Ampfer als die wichtigste dieser Fraßpflanzen im Gebiet. Bei den Einachweisen im Rahmen dieser Studie handelte es sich allerdings ausschließlich um solche auf Stumpfblättrigem und Krausem Ampfer.

Die nach Ebert & Rennwald (1991b) wichtigen Vorkommen des Teich-Ampfers liegen vor allem in Röhrichten und Großseggenriedern, also in relativ dauerhaften Gesellschaften. Die Ablagestellen mit den beiden anderen Nicht-Sauer-Ampfern hingegen sind in wesentlich stärkerer Dynamik unterliegenden Landschaftselementen zu finden. Generell wichtig scheint die Zugänglichkeit der jeweiligen Pflanze. Bevorzugt werden Ampfer am Rand zur gemähten Wiese oder am Trampelpfad zum Wasser belegt. Die Eiablage erfolgt aber nicht ausschließlich in Feuchtbiotopen, sondern wohl v.a. in der II. Generation auch an die gut zugänglichen, frischen Grundblätter von Ampfern in (einmal) früh gemähten Fettwiesen der weiteren Umgebung von Feuchtgebieten (Ebert & Rennwald 1991b, eigene Beob.). Erfolgt keine zweite Mahd, sollte bis Ende Mai des darauffolgenden Jahres nach Ebert & Rennwald (1991b) durchaus eine erfolgreiche Larvalentwicklung möglich sein.

Die erwachsenen Tiere zeigen eine deutliche Vorliebe für Trichter und Köpfchenblumen von violetter oder gelber, seltener auch weißer Farbe. Wichtige Nektarquellen der II. Generation sind nach Ebert & Rennwald (1991b) der Blutweiderich *Lythrum salicaria* LINNAEUS und nach eigenen Beobachtungen gelbe Korbblüter wie der Wiesen-Alant *Inula britannica* LINNAEUS. Die Nektarpflanzen dürften, auch nach eigenen Beobachtungen, in den jeweiligen Habitaten für die Art allerdings nicht limitierend sein.

4.2.3 Regionale Verbreitung der Falter

Zum Zeitpunkt des Beginns dieser Studie waren die Arbeiten zur Schmetterlingsfauna der Pfalz von Kraus (1993) praktisch abgeschlossen, so daß die bis dahin bekannte Verbreitung aller pfälzischen Großschmetterlinge aktuell aufgearbeitet vorlag. Der Kenntnisstand bezüglich der 3 Bläulingsarten ist in Abb. 4.1 in Karten dargestellt. In den meisten der 5-km-Quadranten (Darstellung nach UTM-System, zum System siehe Kap. 4.3.2) beinhalten einen oder zwei Fundpunkte, wie sich aus den hier mit eingeflossenen Nachweisen, die bereits in der ersten Tagfalterfauna der Pfalz (deLattin et al. 1957) lediglich unter Nennung von Ortsnamen enthalten waren (und nach 1964 nicht mehr nachgewiesen wurden), ableiten läßt und auch von Herrn Kraus (pers. Mitt.) bestätigt wurde.

Von 1989 bis 1995 wurde die Verbreitung der drei Arten systematisch untersucht. Erfassungen wurden in allen Jahren (außer 1990), jedoch mit variierender Intensität durchgeführt. In Tabelle 4.2 sind die Erfassungszeiträume aufgelistet, die bei den Faltern innerhalb der im jeweiligen Jahr mindestens vorliegenden Flugzeiten der betreffenden Arten lagen. Als Beginn bzw. Ende der Flugzeit wurde jeweils der Tag genommen, an dem mindestens ein Individuum der jeweiligen Generation erstmals bzw. letztmals gesichtet wurde. Sollten neben den Faltern auch Eier gesucht worden sein (nur bei *L. dispar*), so waren die entsprechenden Zeiten entweder identisch oder wurden zusätzlich vermerkt (vgl. Tab. 4.2).

Die Auswahl der Lokalitäten erfolgte auf Basis topographischer Karten (1:25 000). Es wurden die Bereiche, die als Wiesen oder Feuchtgebiete verzeichnet waren, systematisch aufgesucht. Als Suchschema für die Tiere wurde hierbei für *G. nausithous* und *G. teleius* die Anwesenheit des Großen Wiesenknopfes (*S. officinalis*) als einziges Kriterium genommen, um von einem potentiellen Habitat auszugehen (vgl. Ökologie der beiden Arten in Kap. 4.2.2) und in dem entsprechenden Bereich nach den beiden Arten zu suchen. Zum Nachweis von *L. dispar* wurde in allen Wiesenbereichen nach Adulten Ausschau gehalten, sobald die Larvenfraßpflanzen *Rumex crispus* oder *Rumex obtusifolius* anwesend waren (vgl. Ökologie der Art in Kap. 4.2.2). Für den Nachweis der Eier wurden Blätter beider Pflanzenarten abgesucht.

Tabelle 4.2: Rahmendaten der Erfassung der drei Bläulingsarten

Glaucopsyche nausithous   **Glaucopsyche teleius**

Generation	Stadium	Zeitraum	Tage	Zeitraum	Tage
1989	Falter	6.07.-14.08.	21	15.07.- 9.08.	11
1991	Falter	16.07.-14.08.	6	16.07.-29.07.	4
1992	Falter	30.07.-12.08.	6	30.07.- 6.08.	4
1994	Falter	1.08.- 4.08.	4	(1.08.- 4.08.)	(0*)
1995	Falter	24.07.-31.07.	8	24.07.-31.07.	8

Lycaena dispar

Generation	Stadium	Zeitraum	Tage
1989 II	Falter	28.07.-17.08.	12
1991 I	Falter	5.06.	1
1991 II	Falter	29.07.-14.08.	3
1992 I	Falter	15.06.-16.06.	2
1992 II	Falter	30.07.-20.08.	7
1993 I	Falter/Eier	2.06.- 8.06.	4
1994 II	Falter	1.08.- 4.08.	4
1995 I	Falter/Eier	19.06.-20.06.	2
1995 II	Falter	29.07.-31.07.	3
	Falter/Eier	22.08.-23.08.	2

Legende:
I bzw. II: 1. bzw. 2. jährliche Generation von *Lycaena dispar* (der einzigen in dieser Studie bearbeiteten bivoltinen Art);
*: 1994 waren keine Falter von *Glaucopsyche teleius* gesichtet worden; da 1994 auch die Flugzeit der Tiere relativ früh zu Ende ging (Binzenhöfer pers. Mitt.) und die Erfassung relativ spät erfolgte, waren die Ergebnisse dieses Jahres nicht mit in die Auswertung eingeflossen.

Der Nachweis der Falter wie ggf. der Eier erfolgte auf Basis von Sichtungen bei einer halben Stunde Aufenthalt durch den Bearbeiter pro Lokalität. Wurde die Art nachgewiesen, wurde noch zusätzlich die Anzahl der im Bereich gesichteten Tiere (nur der Falter) notiert.

Die einzelnen kartierten Bereiche wurden in eine 500m-Rasterkarte übertragen (Quadranten nach dem UTM-System mit jeweils 500m Seitenlänge). Bei Vorliegen kontinuierlicher Habitatstrukturen wurden in Anlehnung an dieses Raster in 500 bis 1000m-Abständen weitere Erfassungen durchgeführt. Die insgesamt nachgewiesenen Vorkommen der drei Arten sind in Abb. 4.1 auf Basis eines relativ kleinmaßstäblichen 5 km-Rasters aufgetragen (im direkten Vergleich zu den bis zu Beginn dieser Untersuchung vorliegenden Angaben). Abb. 4.2 liegen dieselben Angaben zugrunde, jedoch auf Basis des für die weitere Auswertung dann benutzten 500m-Rasters. Die Aufteilung der Erfassungsaktivitäten entsprechend der kartierten Bereiche und den jeweiligen Anteilen von Nachweisen der drei Arten sind auf Basis der 500m-Raster-Daten in den Tab.4.3 und 4.4 zusammengestellt.

Tabelle 4.3: Absolute und prozentuale Nachweise der jeweiligen Arten, bezogen auf
alle 500m-Quadranten, in denen von 1989 bis 1995 Erfassungen zur
Flug- bzw. Einachweiszeit der Art durchgeführt wurden.

	500m (einzelne Jahre)					*500m (kumulativ)*				
Erfassungsjahr	1989	1991	1992	1994	1995	1989	89-91	89-92	89-94	89-95
Glaucopsyche nausithous										
% mit Nachweis	*49*	*44*	*46*	*39*	*57*	*49*	*52*	*55*	*57*	*62*
(n)	(201)	(84)	(68)	(49)	(88)	(201)	(205)	(213)	(216)	(221)
Glaucopsyche teleius										
% mit Nachweis	*8*	*5*	*11*	--	*9*	*8*	*8*	*7*	--	*8*
(n)	(167)	(44)	(28)	(*)	(78)	(167)	(169)	(175)	(*)	(196)
Lycaena dispar										
% mit Nachweis	*14*	*26*	*18*	*22*	*10*	*14*	*15*	*17*	*18*	*18*
(n)	(185)	(51)	(90)	(50)	(62)	(185)	(189)	(207)	(215)	(221)

Legende:
(n): Anzahl der jeweils (mittlerer Block) bzw. der insgesamt (rechter Block) erfaßten Quadranten
mittlerer Block: Nachweise pro Jahr;
rechter Block: kumulative Nachweise (d.h., Aufaddierung der Gesamtdaten unter Hinzunahme der Ergebnisse des jeweils
    hinzukommenden Jahres), die letzte Spalte zeigt somit die Gesamtverhältnisse für den gesamten Bearbeitungs-
    zeitraum;
*: bei *Glaucopsyche teleius* keine Angaben vorliegend;
(bei *Lycaena dispar* Nachweise der I. und II. Generation jeweils zusammengefaßt; Daten der I. Gen. von 1993 aufgrund der
    relativ größeren zeitlichen Nähe der II. Gen. von 1992 zugeschlagen)

4.2.4 Metapopulationscharakteristika

Wie in Kap. 2.1 ausgeführt, ist ein wesentliches Grundcharakteristikum von Metapopulationen das Vorliegen von Extinktions- und Kolonisationsereignissen. Aus den Angaben in Tab.
4.3 und 4.4 wird bereits klar, daß die Tiere einer gewissen Dynamik unterliegen müssen,
zumal die Anwesenheiten in den verschiedenen Jahren stark schwanken - unabhängig davon,
wozu man sie in Beziehung setzt.

Zur weiteren Analyse der Dynamik der Anwesenheit (oder besser der Nachweise) und
somit der Kolonisations- und Extinktionsereignisse der Arten im Gebiet, wurden
a) die Veränderungen bei 2 Erfassungen in Abhängigkeit vom dazwischenliegenden Zeitraum
    und
b) die Veränderungen bei mindestens drei hintereinanderliegenden Erfassungen in Abhängig-
    keit vom Gesamtzeitraum, in dem diese Erfassungen lagen,
aufgezeichnet.

Tabelle 4.4: Absolute und prozentuale Nachweise der jeweiligen Arten, bezogen auf alle 500m-Quadranten, in denen von 1989 bis 1995 mindestens einmal ein Nachweis erfolgte.

	500m (einzelne Jahre)					*500m (kumulativ)*				
Erfassungsjahr	1989	1991	1992	1994	1995	1989	89-91	89-92	89-94	89-95
Glaucopsyche nausithous										
% mit Nachweis	*81*	*63*	*55*	*48*	*69*	*81*	*86*	*89*	*92*	*100*
(n)	(121)	(59)	(56)	(40)	(72)	(121)	(124)	(131)	(132)	(136)
Glaucopsyche teleius										
% mit Nachweis	*100*	*22*	*33*	--	*58*	*100*	*100*	*100*	--	*100*
(n)	(13)	(9)	(9)	(*)	(12)	(13)	(13)	(13)	(*)	(15)
Lycaena dispar										
% mit Nachweis	*81*	*48*	*55*	*52*	*33*	*81*	*85*	*100*	*98*	*100*
(n)	(32)	(27)	(29)	(21)	(18)	(32)	(33)	(36)	(40)	(40)

Legende:
(n): Anzahl der jeweils (mittlerer Block) bzw. der insgesamt (rechter Block) erfaßten Quadranten
mittlerer Block: Nachweise pro Jahr;
rechter Block: kumulative Nachweise (d.h., Aufaddierung der Gesamtdaten unter Hinzunahme der Ergebnisse des jeweils
    hinzukommenden Jahres), die letzte Spalte zeigt somit die Gesamtverhältnisse für den gesamten Bearbeitungs-
    zeitraum;
*: bei *Glaucopsyche teleius* keine Angaben vorliegend;
(bei *Lycaena dispar* Nachweise der I. und II. Generation jeweils zusammengefaßt: Daten der I. Gen. von 1993 aufgrund der
    relativ größeren zeitlichen Nähe der II. Gen. von 1992 zugeschlagen)

      Ansatz a) basiert auf den Veränderungen der An- und Abwesenheit der Arten bei jeweils 2 Erfassungen, die in verschiedenen Jahren lagen. Die Ergebnisse dieser Analyse sind in Abhängigkeit vom Abstand zwischen den beiden Erfassungszeitpunkten in Tab. 4.5 zusammengefaßt. Sie werden zudem in Beziehung gesetzt zur Ausgangsbasis bei der ersten der beiden Erfassungen. D.h., es wird berücksichtigt, daß beispielsweise bei einer Ausgangsbasis, bei der nahezu alle Habitate besiedelt sind. kaum Veränderungen in Form von Kolonisationen (Neubesiedlungen) möglich sind. Eine Analyse der Konstanz der Anwesenheits-/ Abwesenheitsdaten in Abhängigkeit von der Erfassungsdauer (Ansatz b) diente als zweite Variante zur Beschreibung der Matapopulationsverhältnisse im Gebiet. Hierbei wurden alle Quadranten herangezogen, aus denen Angaben aus mindestens 3 hintereinanderliegenden Begehungen vorlagen. Alle Ereignisse aus diesen 3 bis maximal 5 (bei *G. teleius* max. 4) hintereinanderliegenden Beobachtungen sind in Tab. 4.6 zusammengestellt. Die Angaben erfolgen auf Basis von Jahren. Auch hier werden alle Angaben in Beziehung gesetzt zur Ausgangsbasis bei der ersten der 3 bis 5 Erfassungen (s.o.).

    Beispiel: In einem Quadranten wurde *G. nausithous* 1989, 1991, 1992 und 1994 gesucht. Nachgewiesen wurde die Art 1989 und 1994. Es liegen dann 4 hintereinanderfolgende Beobachtungen vor, die einen Zeitraum von 5 Jahren umfassen. Da die Art im Quadranten weder immer anwesend noch immer abwesend war und zudem keine Tendenz in Richtung Ab- oder Zunahme festzustellen ist (Abnahme, also Extinktion bei Vergleich von 1989 auf 1991 oder 1992, Zunahme oder Kolonisation bei Betrachtung ausgehend von 1991 oder 1992 auf das Jahr 1994 bezogen). In der Tabelle führt dies zu dem Eintrag: „wechselnd" bei 5 Jahren.

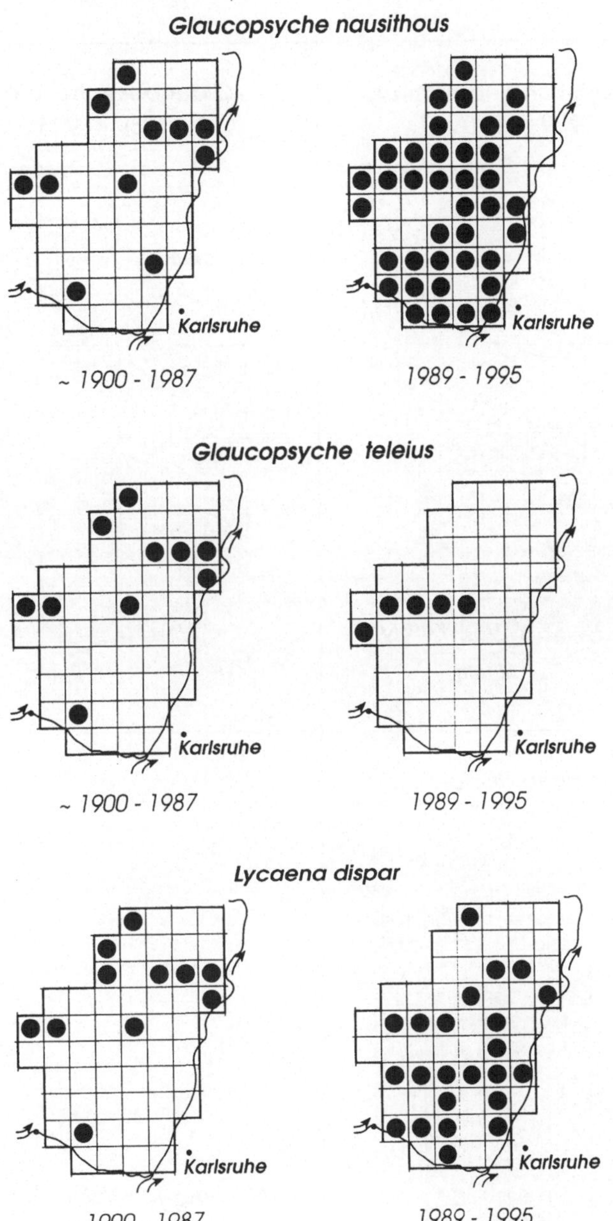

Abbildung 4.1: Nachweise der drei Bläulinge im Untersuchungsgebiet „Pfälzische Rheinebene" auf Basis des 5km-UTM-Rasters im Zeitraum von etwa 1900 bis 1987 (links nach deLattin et al., 1957, und Kraus, 1993) und im Rahmen der intensiven Untersuchungen von 1989 bis 1995 (Ausschnitt wie in Abb. 4.2, UTM-Koordinaten siehe dort; graphische Gestaltung: Käthe Geyler)

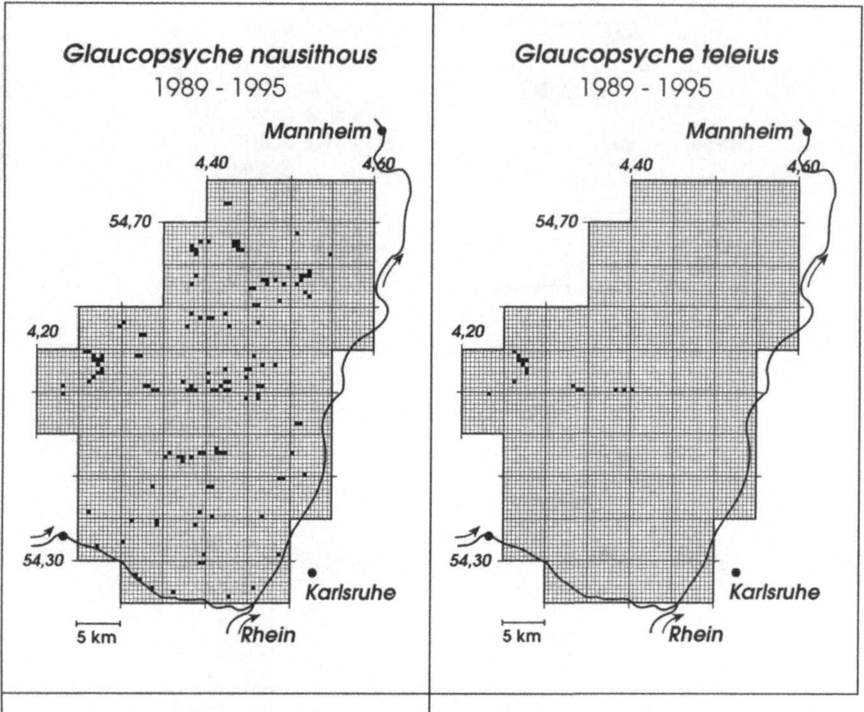

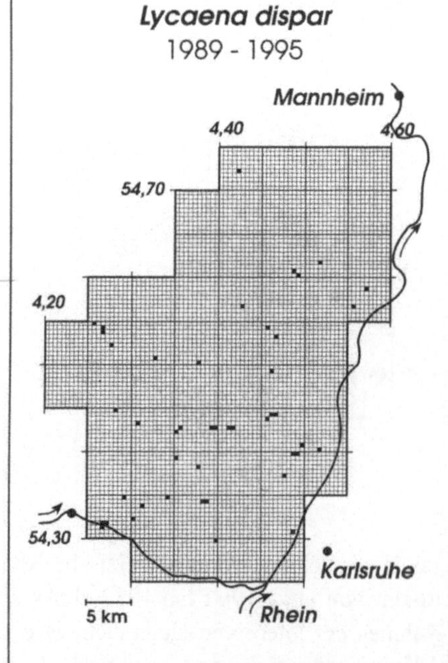

Abbildung 4.2: Nachweise der drei Bläulinge im Untersuchungsgebiet „Pfälzische Rheinebene" auf Basis des 500m UTM-Rasters im Rahmen der von 1989 bis 1995 durchgeführten Studien (identische Datenbasis wie rechte Hälfte in Abb. 4.1; graphische Gestaltung: Käthe Geyler)

Tabelle 4.5: Veränderungen bei 2 Erfassungen in Abhängigkeit vom dazwischenliegenden Zeitraum auf Basis aller erfaßten bzw. aller mindestens einmal besiedelten Quadranten

Y: Anwesenheit oder Abwesenheit im jeweiligen Ausgangsjahr

*: keine Angaben, da entsprechende Konstellation nicht auftrat oder Berechnung nicht möglich ist

Erfassungsabstand in Jahren	alle Quadranten							besiedelte Quadranten						
	1	2	3	4	5	6	Σ/Ø	1	2	3	4	5	6	Σ/Ø

Glaucopsyche nausithous

	1	2	3	4	5	6	Σ/Ø	1	2	3	4	5	6	Σ/Ø
Σ Ereignisse (n)	85	110	135	56	43	76	505	75	83	118	45	37	62	420
Extinktion (%)	19	20	25	14	35	20	22	21	27	29	18	41	24	26
Kolonisation (%)	21	11	14	18	14	16	15	24	15	16	22	16	19	18
immer anwesend (%)	29	33	31	38	30	40	33	33	43	36	47	35	48	40
immer abwesend (%)	31	36	30	30	21	25	30	21	16	20	13	8	8	16
dynamisch (%)	**40**	**31**	**39**	**32**	**49**	**36**	**37**	**45**	**41**	**45**	**40**	**57**	**44**	**45**
Extinkt./Kolonis. (X)	0,9	1,8	1,8	0,8	2,5	1,3	1,4	0,9	1,8	1,8	0,8	2,5	1,3	1,4
anwesend/abwes. (Y)	0,9	1,1	1,3	1,1	1,9	1,5	1,2	1,2	2,3	1,8	1,8	3,1	2,7	1,9
X/Y	**1,0**	**1,6**	**1,4**	**0,7**	**1,3**	**0,9**	**1,2**	**0,7**	**0,8**	**1,0**	**0,4**	**0,8**	**0,5**	**0,7**

Glaucopsyche teleius

	1	2	3	4	5	6	Σ/Ø	1	2	3	4	5	6	Σ/Ø
Σ Ereignisse (n)	17	42	40	31	*	54	184	9	9	18	9	*	11	56
Extinktion (%)	0	17	18	0	*	11	11	0	78	39	0	*	55	36
Kolonisation (%)	6	0	8	10	*	2	4	11	0	17	33	*	9	14
immer anwesend (%)	12	5	10	3	*	7	7	22	22	22	11	*	36	23
immer abwesend (%)	82	79	65	87	*	80	78	67	0	22	56	*	0	27
dynamisch (%)	**6**	**17**	**25**	**10**	*	**13**	**15**	**11**	**78**	**56**	**33**	*	**64**	**50**
Extinkt./Kolonis. (X)	0	*	2,3	0	*	6,0	2,5	0	*	2,3	0	*	6,0	2,5
anwesend/abwes. (Y)	0,1	0,3	0,4	0	*	0,2	0,2	0,3	*	1,6	0,1	*	10	1,4
X/Y	**0**	*	**6,2**	**0**	*	**26**	**11**	**0**	*	**1,4**	**0**	*	**0,6**	**1,8**

Lycaena dispar

	1	2	3	4	5	6	Σ/Ø	1	2	3	4	5	6	Σ/Ø
Σ Ereignisse (n)	66	86	130	23	34	43	382	33	43	51	14	18	15	174
Extinktion (%)	17	21	16	22	21	19	18	33	42	41	36	39	53	40
Kolonisation (%)	5	5	5	4	9	0	5	8	9	14	7	17	0	10
immer anwesend (%)	15	19	12	22	18	12	15	30	37	29	36	33	33	33
immer abwesend (%)	64	56	67	52	53	70	62	27	12	16	21	11	13	17
dynamisch (%)	**21**	**26**	**22**	**26**	**29**	**19**	**23**	**42**	**51**	**55**	**43**	**56**	**53**	**51**
Extinkt./Kolonis. (X)	3,7	4,5	3,0	5,0	2,3	*	3,9	3,7	4,5	3,0	5,0	2,3	*	3,9
anwesend/abwes. (Y)	0,5	0,7	0,4	0,8	0,6	0,4	0,5	1,8	3,8	2,4	2,5	2,6	6,5	2,7
X/Y	**7,9**	**6,9**	**7,8**	**6,5**	**3,8**	*	**7,8**	**2,1**	**1,2**	**1,3**	**2,0**	**0,9**	*	**1,5**

Tabelle 4.6: Veränderungen bei mind. 3 hintereinanderliegenden Erfassungen in Abhängigkeit vom dazwischenliegenden Zeitraum auf Basis aller erfaßten bzw. aller mindestens einmal besiedelten Quadranten

Y: Anwesenheit oder Abwesenheit im jeweiligen Ausgangsjahr

*: keine Angaben, da entsprechende Konstellation nicht auftrat oder Berechnung nicht möglich ist

aufeinanderfolgende Erfassungen	alle Quadranten					besiedelte Quadranten				
	3	4	5	6	Σ/Ø	3	4	5	6	Σ/Ø

Glaucopsyche nausithous

	3	4	5	6	Σ/Ø	3	4	5	6	Σ/Ø
Σ Ereignisse (n)	88	20	21	19	148	81	19	20	18	138
Extinktion (%)	30	30	38	37	32	32	32	40	39	34
Kolonisation (%)	10	10	5	0	8	11	11	5	0	9
immer anwesend (%)	27	15	24	16	24	30	16	25	17	25
immer abwesend (%)	16	10	5	5	12	9	5	0	0	6
wechselnd (%)	17	35	29	42	24	19	37	30	44	26
dynamisch (%)	**57**	**75**	**71**	**79**	**64**	**62**	**79**	**75**	**83**	**69**
Extinkt./Kolonis. (X)	2,9	3,0	8,0	*	3,9	2,9	3,0	8,0	*	3,9
anwesend/abwes. (Y)	2,2	2,3	6,5	10	2,7	3,1	3,0	13	*	4,1
X/Y	**1,3**	**1,3**	**1,2**	*	**1,4**	**0,9**	**1,0**	**0,6**	*	**1,0**

Glaucopsyche teleius

	3	4	5	6	Σ/Ø	3	4	5	6	Σ/Ø
Σ Ereignisse (n)	17	14	*	13	44	9	8	*	8	25
Extinktion (%)	35	0	*	31	23	67	0	*	50	40
Kolonisation (%)	0	21	*	8	9	0	25	*	0	8
immer anwesend (%)	12	7	*	8	9	22	13	*	13	16
immer abwesend (%)	47	64	*	31	48	0	50	*	0	16
wechselnd (%)	6	7	*	23	11	11	13	*	38	20
dynamisch (%)	**41**	**29**	*	**62**	**43**	**78**	**38**	*	**88**	**68**
Extinkt./Kolonis. (X)	*	0	*	4,0	2,5	*	0	*	*	5,0
anwesend/abwes. (Y)	1,0	0,1	*	1,0	0,6	*	0,2	*	*	2,3
X/Y	*	**0**	*	**4,0**	**4,5**	*	**0**	*	*	**2,1**

Lycaena dispar

	3	4	5	6	Σ/Ø	3	4	5	6	Σ/Ø
Σ Ereignisse (n)	79	11	18	10	118	44	11	13	10	78
Extinktion (%)	24	36	28	40	27	43	36	39	40	41
Kolonisation (%)	5	9	0	0	4	9	9	0	0	6
immer anwesend (%)	13	18	17	20	14	23	18	23	20	22
immer abwesend (%)	49	18	28	0	39	9	18	0	0	8
wechselnd (%)	9	18	28	40	15	16	18	39	40	23
dynamisch (%)	**38**	**64**	**56**	**80**	**47**	**68**	**64**	**77**	**80**	**71**
Extinkt./Kolonis. (X)	4,8	4,0	*	*	6,4	4,8	4,0	*	*	6,4
anwesend/abwes. (Y)	0,7	2,0	1,6	*	1,0	3,6	2,0	*	*	4,5
X/Y	**7,1**	**2,0**	*	*	**6,7**	**1,3**	**2,0**	*	*	**1,4**

4.2.5 Quantifizierung von Parametern als Basis für Simulationen

Geographische Konstellation

Die auf den **geographischen Verhältnissen** des Untersuchungsgebietes aufbauenden Angaben resultieren direkt aus der Analyse der Lage der Populationen bzw. Quadranten zueinander (vgl. Abb. 4.2), sie werden im Modell über die durch die Wahl des Rasteransatzes konstanten oder vorgegebenen Parameter quantifiziert. Der Durchmesser (d) jeder Zielfläche (Z) ist hierbei für die ausgewählten Fallbeispiele *per definitonem* 0,5km, die Entfernung (r) läßt sich über den Satz des Pythagoras leicht berechnen. Der daraus resultierende Winkel α gibt an, welcher Anteil aus dem Gesamtkreis von dem Kegel zwischen Mittelpunkt der Ausgangsfläche und Peripherie der Zielfläche eingenommen wird. Für die Berechnung der mittleren Gesamtzahl der Immigranten M_j wird dann lediglich noch m' und die Populationsgröße N_i (siehe Kap. 3.2) benötigt.

Inzidenz

Die **beobachtete Inzidenz** einer Population j $(=J_j)$ berechnet sich aus dem Anteil der Erfassungen während derer ein Quadrant besiedelt war an den insgesamt im Quadranten durchgeführten Erfassungen (pro Generation max. 1 Erfassung) und ist damit direkt aus den Freilanddaten berechenbar.

Populationsgröße

Basis der Schätzung der Populationsgröße (N_j) bildete die bei der jeweiligen Begehung angetroffene Individuenzahl. Um von dieser zu einer Grobschätzung der Gesamtpopulationsgröße zu gelangen, wurde ein auf Basis von Daten intensiverer populationsökologischer Studien berechneter Korrekturfaktor verwendet (vgl. Kap. 4.3.3). Für die drei hier untersuchten Arten dürften diese Populationskorrekturfaktoren in etwa zwischen 20 und 40 liegen. Die Anzahl der bei den Geländebegehungen pro Quadrant erfaßten Individuen wird also mit diesem Faktor multipliziert. Für die Anwendung im Modellkontext wurden, um die Gesamtspanne dieses Faktors in etwa abzudecken, für alle Arten Simulationen unter Einbeziehung der drei Korrekturfaktoren 10, 25 und 40 durchgeführt.

Bei Simulationen auf Basis rein qualitativer Angaben (Anwesenheit oder Abwesenheit der Art) wird pro Generation von einer identischen Populationsgröße von 1 in allen Quadranten, in denen für die entsprechende Generation ein Nachweis erfolgte, ausgegangen. Daraus resultieren nach Korrektur die Populationsgrößen 10, 25 oder 40.

Kapazität

Für die Schätzung der Kapazität K_a bei Vorliegen quantitativer Angaben (also der Populationsgrößen) werden alle in den verschiedenen Jahren festgestellten Populationsgrößen für den jeweiligen Quadranten gemittelt, insofern in diesem zumindest einmal ein Nachweis der betreffenden Art erfolgte (d.h. konkret aller in Tab. 4.4 aufgelisteten Quadranten). Hierbei fließen die Werte aller Erfassungen (auch der ohne Nachweis) mit ein. Die hieraus resultierende Mindestkapazität beträgt bei *G. nausithous* und *L. dispar* 5 bzw. bei *G. teleius* 6,3 (ein

Nachweis bei Erfassung im Quadranten in allen 5 bzw. 4 Erfassungsjahren, also 1x25/5 bzw. 1x25/4, jeweils bei einem Korrekturfaktor von 25 für die Populationsgröße, vgl. vorhergehendes Kapitel). Die höchste hier auftretende Kapazität K_a eines Quadranten erreicht für *G. nausithous* 825, für *G. teleius* 638 und für *L. dispar* 125.

Die Schätzung von K_b bei Vorliegen von quantitativen Angaben hingegen basiert nur auf den durchschnittlichen Populationsgrößen der Erfassungen mit Nachweis. Die niedrigste dabei geschätzte Kapazität wird auch für alle anderen potentiellen Habitate angenommen. Die mindestens daraus resultierende Kapazität eines jeden Quadranten mit potentieller Habitateignung (das sind alle in Tab. 4.3 aufgelisteten Quadranten) beträgt also in allen Fällen 25, da dies auch der geringste auftretende Kapazitätswert besetzter Habitate ist. Die höchste im Rahmen dieser Studie auftretende Kapazität K_b erreicht für *G. nausithous* 825, für *G. teleius* 692 und für *L. dispar* 175.

Für die Analyse der qualitativen Daten (nur Anwesenheit oder Abwesenheit), also bei einer überall identischen jährlichen Maximal-Populationsgröße, sind die geschätzten Kapazitäten lediglich abhängig von der Anzahl Generationen in denen die jeweilige Art im jeweiligen Quadranten nachgewiesen wurde. Für die Kapazitätsannahme K_a resultiert daraus für alle Quadranten, in denen jemals ein Nachweis erfolgte, bei einem Korrekturfaktor von 25 ein Mindestwert wiederum von 5 (bzw. 4, s.o.). Der Maximalwert hingegen liegt dann bei Nachweis bei allen Begehungen einheitlich bei 25. Für K_b ergibt sich daraus für alle Quadranten, die eine tatsächliche oder potentielle Eignung als Habitat aufweisen, ein Wert von 10, 25 oder 40, je nach Korrekturfaktor der Populationsgröße, d.h., alle Kapazitäten aller potentiellen und tatsächlichen Habitate (Habitatquadranten) sind identisch.

Dismigrationspotential

Eine direkte quantitative Analyse des Dismigrationspotentials auf Basis von Freilanddaten liegt bislang für keine der hier intensiver untersuchten Arten vor (i. Ggs. zu *E. editha*, vgl. Gl. 4.2). Bestenfalls sind Ergebnisse zu Markierungs-Wiederfang-Untersuchungen mit Angaben zu bestimmten festgestellten, relativ weiten Dismigrationsereignissen publiziert (Geißler & Settele 1990, Settele et al. 1996a).

Für *G. nausithous* liegen aus dem Filderraum bei Stuttgart 4 beobachtete maximale Dismigrationsereignisse von über 1 km vor (Maximum: 3700 m; Geißler & Settele 1990, Geißler pers. Mitt.). Im Steigerwald wurden von B. Binzenhöfer (pers. Mitt.) 23 Ereignisse von über 1 km registriert, bei einem maximalen Wanderereignis eines männlichen Tieres von 5100 m, so Markierungs- und Wiederfangort linear verbunden werden, was bedeutete, daß das Tier eine größere Strecke über Wald geflogen sein müßte. Würde eine Dismigration über Offenlandbereiche angenommen, hätte das Tier über 10 km zurückgelegt.

Für *G. teleius* waren ebenso im Steigerwald von Frau Binzenhöfer (pers. Mitt.) 5 Ereignisse von Dismigrationen von über 1 km festgestellt worden. Die maximal in diesem Fall von einem Weibchen zurückgelegte Distanz betrug hierbei ca. 2400 m.

Zu *L. dispar* liegen keine Angaben zur Dismigrationsfähigkeit der Adulten auf Basis von Markierungsexperimenten vor. Van Swaay (als persönliche Mitteilung zitiert in Pullin et al. 1995) berichtet für die univoltine Unterart *batavus* aus den Niederlanden, daß das Tier in der Lage ist, Habitate, die bis zu 20 km von existierenden Populationen entfernt liegen, zu erreichen.

Eine systematische Analyse des Dismigrationsverhaltens von Tagfaltern kann auf Basis des verwendeten Rasterdatenmodells (vgl. Kap. 3.2.2) mit Freilanddaten durchgeführt werden. Voraussetzung hierfür ist, daß für ein konkretes Untersuchungsgebiet Angaben zur Anzahl der in jedem bearbeiteten Gebiet markierten Tiere, zur Anzahl der in jedem Bereich erfolgten Erfassungen, bzw. Gesamterfassungszeiten, und zur geographischen Lage der Bereiche zueinander vorliegen. Je nach möglicher Auflösung und Zuordnung kann dann ein dem Modell zugrundeliegendes Raster über das Gebiet gelegt werden. Der Parameter $p_m{'}$ kann (unter Variation von $m{'}$) bei verschiedenen Szenarien durch einen Vergleich der daraus jeweils resultierenden Werte für M_j mit den beobachteten Werten abgeschätzt werden.

Eine derartige Abschätzung wurde für *G. nausithous* auf Basis von Daten von Geißler (pers. Mitt.) durchgeführt. Die Daten wurden im selben Untersuchungsgebiet erhoben, das in Settele & Geißler (1988) kartographisch dargestellt ist (Filderraum, südlich von Stuttgart). Es wurde in ein 500m-Raster unterteilt. In drei der daraus resultierenden Quadranten (hier bezeichnet als A, B und C, vgl. Abb. 4.3) wurden im Jahr 1988 die Tiere markiert. Quadrant A entspricht dabei der Population B in Abb. 1 in Settele & Geißler (1988) und Quadrant B der Population A. Quadrant C liegt am Südrand der Gemeinde Plattenhardt und war in Settele & Geißler (1988) noch nicht mit erfaßt.

In Abb. 4.4 sind die entsprechenden weiteren Rahmendaten dargestellt. Eine Schätzung von $m{'}$ ergab bei einem Wert von 0,5 eine gute Annäherung an die tatsächlich vorgefundenen Verhältnisse. Die bei dieser Schätzung zu erwartenden M_j-Werte sind ebenso in Abb. 4.4 aufgezeigt. Diese Schätzung dient im Rahmen dieser Studie zunächst nur als Anhaltspunkt, um die richtige Größenordnung für die Simulationen zu erhalten.

4.2.6 Graphische Darstellung der gegenseitigen Abhängigkeiten der für die Simulationen verwendeten Parameter-Werte

Abhängigkeit der Dismigrationswahrscheinlichkeit $p_m{'}$ vom Migrationsparameter $m{'}$

Wie am Beispiel von *G. nausithous* in Kapitel 4.2.5 ausgeführt, scheint ein realistischer Wert von $m{'}$ bei etwa 0,5 km^{-1} zu liegen (wobei dieser durchaus noch niedriger ausfallen kann, vgl. Kap. 4.3.6). Um ein weiteres Spektrum von Dismigrationspotentialen zu simulieren, das dann auch mobilere bzw. weniger mobile Arten umfassen könnte, wurden für $m{'}$ die Werte 1; 0,5; 0,2; 0,1; 0,05 und 0,005 km^{-1} verwendet. Zur Verdeutlichung sind die daraus resultierenden Dismigrationswahrscheinlichkeiten $p_m{'}$ in Abhängigkeit von der Entfernung vom Ausgangshabitat in Abb. III.5a dargestellt (also der Anteil der Gesamtpopulation N_j, der eine mittlere Wanderstrecke D zurücklegt; vgl. Gl. 3.4).

Abhängigkeit der Kolonisationswahrscheinlichkeit C_j vom Kolonisationsparameter y

Aus $p_m{'}$ und der Summe der Populationsgrößen N_j lassen sich über Gleichung (3.6) die Werte für M_j berechnen. Um zu den entsprechenden Kolonisationswahrscheinlichkeiten zu gelangen, ist zusätzlich der Kolonisationsparameter y zu schätzen (vgl. Gl. 3.12). Nach ersten Vorsimulationen war bereits festzustellen, daß die Erwartung aus der Freilandeinschätzung, bei der davon ausgegangen wurde, daß in der Regel bei zwei im Zielhabitat ankommenden Tieren bereits 50% Kolonisationswahrscheinlichkeit gegeben sein müßte (was einem y von 2 entsprechen würde), die vorgefundenen Verhältnisse kaum würde erklären können. Es wurden daher, wiederum mit dem Ziel ein breiteres Spektrum für die Simulationen abzudecken, für y

die Werte 1; 5; 10; 15; 20; 30 und 40 gewählt. Die hieraus resultierenden Kolonisationswahrscheinlichkeiten in Abhängigkeit von M_j sind für einige der in den Simulationen auftretenden Kombinationen beispielhaft in Abb. 4.5b aufgezeigt.

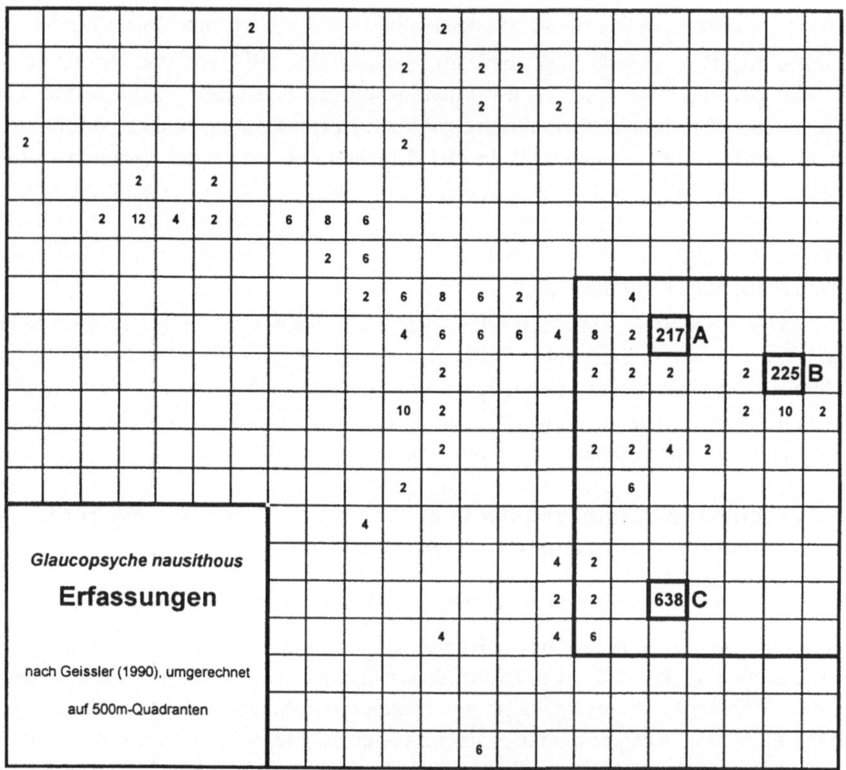

Abbildung 4.3: Anzahl Begehungen zur Erfassung von *Glaucopsyche nausithous* in den jeweiligen Quadranten im Untersuchungsgebiet „Filderraum" (Datenbasis: Geißler pers. Mitt., Gebiet wie in Settele & Geißler 1988 dargestellt); hervorgehoben ist der Bereich in dem Markierungen und Wiederfänge bei den Populationen A, B und C erfolgten (dieser Ausschnitt ist identisch mit den in Abb. 4.4 dargestellten)

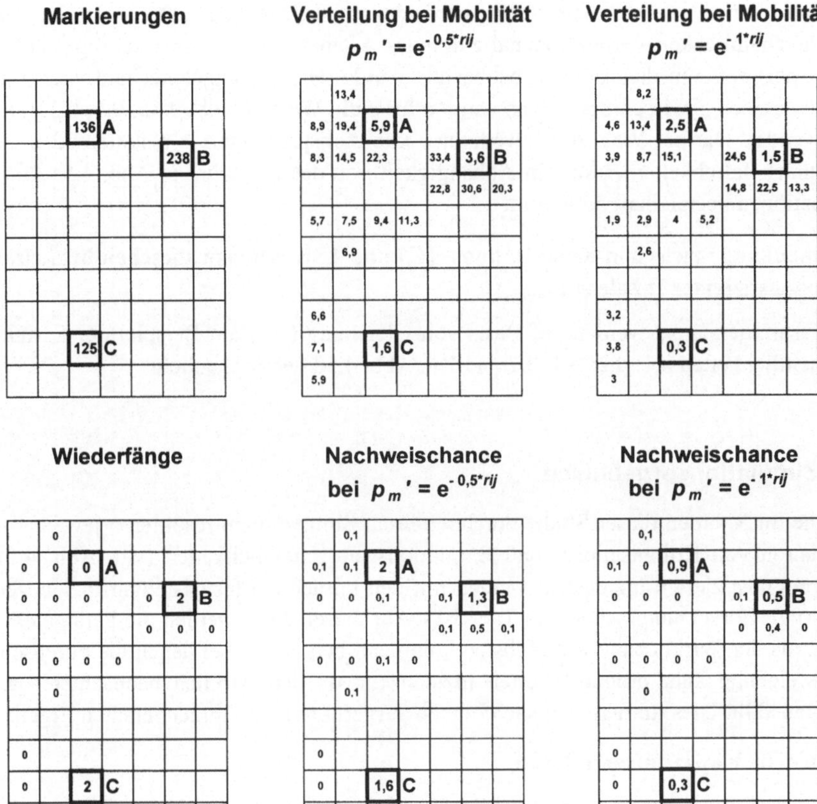

Abbildung 4.4: Vorgehensweise für die Abschätzung des Mobilitätsparameters *m'*. Bei identischer Erfassungsintensität wären auf Basis der Anzahl der hier markierten Tiere (oben links) für $m' = 0{,}5$ km^{-1} die oben in der Mitte, für $m' = 1$ km^{-1} die oben rechts angezeigten maximalen Wiederfänge zu erwarten gewesen (falls jedes passierende Tier erfaßt worden wäre). Die untere Reihe zeigt links die tatsächlichen Wiederfänge und rechts davon die unter Berücksichtigung der jeweiligen Erfassungsintensität (vgl. Abb. 4.3) bei den verschiedenen Werten von *m'* zu erwartenden Wiederfänge (unter der Voraussetzung, daß 638 Erfassungen einer permanenten Präsenz entsprechen).

Zusammenhang zwischen Extinktionsparameter *e* und Extinktionswahrscheinlichkeit E_j

Die Extinktionswahrscheinlichkeit steht in direkter Abhängigkeit zur Kapazität eines Habitates. Wie aus Gleichung (3.10) ersichtlich, ist zu deren Schätzung der Extinktionsparameter *e* zu ermitteln. Für die vorliegenden Arten wurde davon ausgegangen, daß eine mittlere Extinktionswahrscheinlichkeit vorliegt, zumal zumindest kleinere Populationen häufiger erlöschen, während bei größeren dies seltener beobachtet wurde. Hieraus abgeleitet und wiederum zur Abdeckung eines gewissen Spektrums wurden für *e* die Werte 1; 0,8; 0,65; 0,5; 0,35; 0,2 und 0,1 verwendet. Die bei Wahl des jeweiligen Extinktionsparameters *e* resultierenden Extinktionswahrscheinlichkeiten E_j sind in Abhängigkeit von der Kapazität in Abb. 4.5c für einige Kombinationen beispielhaft aufgezeigt.

Zusammenhänge zwischen Kolonisations- (C_j) und Extinktionswahrscheinlichkeiten (E_j) und prognostizierter Inzidenz (J_{progn})

Diese Zusammenhänge werden auf Basis von Gleichung (3.8) am Beispiel der Extinktionswahrscheinlichkeiten 0,1; 0,2; 0,4; 0,7 und 1 in Abb. 4.5d veranschaulicht.

4.2.7 Simulationsergebnisse

Sämtliche im Rahmen dieser Studie durchgeführten Simulationen resultieren jeweils in einer Kombination von Kolonisations- und Extinktionswahrscheinlichkeiten (vgl. Abb. 4.5). Die daraus prognostizierten Inzidenzen werden mit den tatsächlich festgestellten Inzidenzen verglichen (vgl. Berechnungsschema in Tab. 3.1). Auf dieser Basis werden die Parameterkombinationen als der Wirklichkeit am nächsten kommend betrachtet, bei denen die durchschnittliche Abweichung aller prognostizierten Inzidenzen von den wirklich beobachteten am geringsten ausfällt. Dies führt zu den nachfolgend ausgeführten zusammengefaßten Ergebnissen.

Verschiedene Kapazitätsannahmen

Bei allen drei Bläulingsarten ergaben die Simulationen unter allen Konstellationen bei der Kapazitätsannahme K_a, die sich aus dem Durchschnitt der Populationsgrößen aller Erfassungen berechnet (vgl. Kap. 4.2.5), geringere Inzidenzabweichungen. Bei den Simulationen, die bei dieser Kapazitätsannahme eine durchschnittliche Inzidenzabweichung von unter 0,2 erreichten, waren die Werte der anderen Kapazitätsannahme (K_b) meist um einen Faktor 2 bis 3 schlechter. Folglich findet bei allen hier näher vorgestellten Simulationsergebnissen nur die Kapazitätsannahme auf Basis aller Erfassungen (K_a) Anwendung.

Verschiedene Inzidenzprognosen

Die Inzidenzprognosen erfolgten entsprechend der beiden in Kap. 3.2.3 dargestellten Vorgehensweisen (vgl. Gl. 3.7 und 3.8). Hierbei ergaben sich in der vorliegenden Landschaft bei allen drei Faltern und allen Konstellationen bei Berücksichtigung des rescue-effects praktisch keine Unterschiede zur einfachen Prognosemethode. Aufgrund der besseren theoretischen Basis (Hanski 1994a) wurden alle folgenden Simulationen unter Verwendung von Gleichung (3.8), die den "rescue-effect" mit berücksichtigt, durchgeführt.

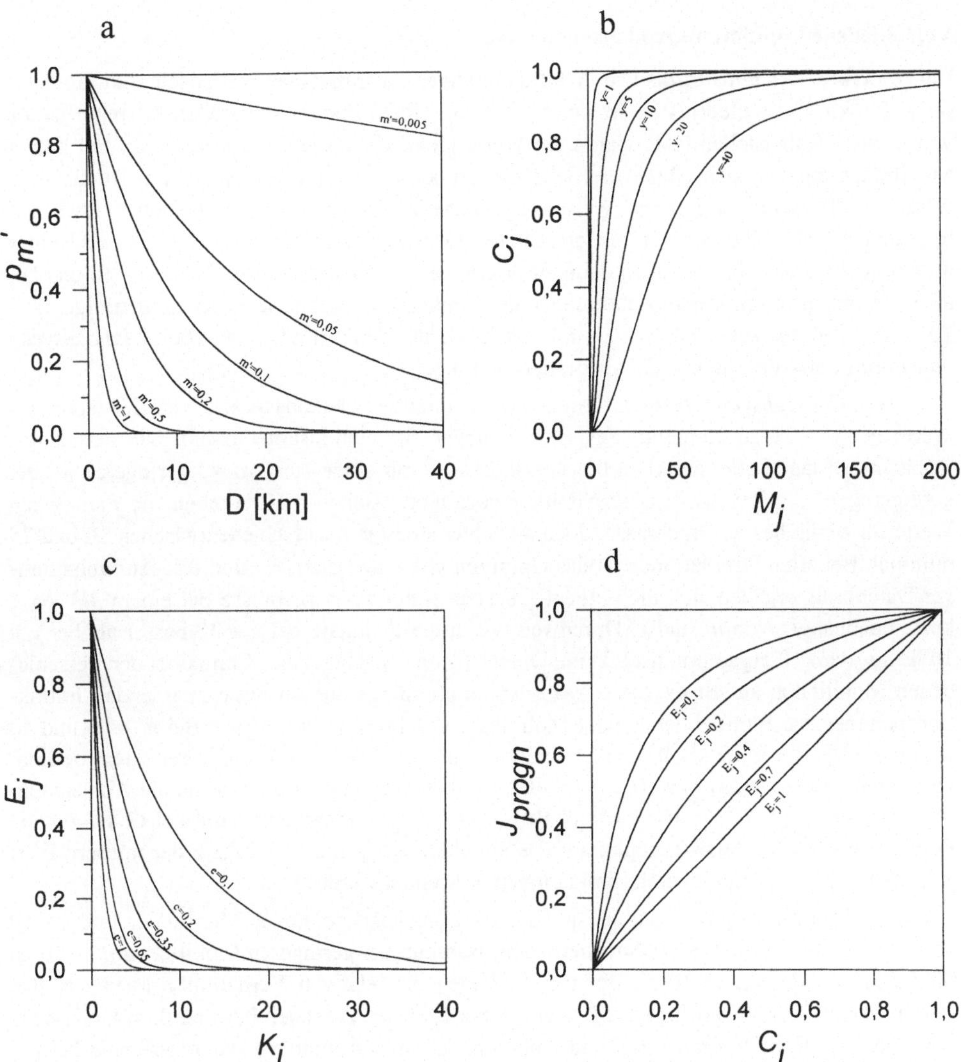

Abbildung 4.5: Gegenseitige Abhängigkeiten der für die Simulationen verwendeten Parameter-Werte

a: Dismigrationswahrscheinlichkeit p_m' in Abhängigkeit von der Entfernung D bei verschiedenen Migrationsparametern m' [km^{-1}]

b: Kolonisationswahrscheinlichkeit C_j in Abhängigkeit von der Anzahl Immigranten M_j bei verschiedenen Kolonisationsparametern y

c: Extinktionswahrscheinlichkeit E_j in Abhängigkeit von der Habitatkapazität K_j bei verschiedenen Extinktionsparametern e

d: Prognostizierte Inzidenz J_{progn} in Abhängigkeit von der Kolonisationswahrscheinlichkeit C_j bei verschiedenen Extinktionswahrscheinlichkeiten E_j

(graphische Gestaltung: Doris Vetterlein)

Verschiedene Populationsgrößenschätzungen

Bei *Glaucopsyche nausithous* waren auf qualitativer Datenbasis bei realistischen Mobilitäten ($m' = 0{,}5$ km^{-1}) die niedrigsten Abweichungen bei einem Populationsgrößen-Korrekturfaktor von $n' = 25$ festzustellen (z.T. waren die Werte identisch mit denen bei $n' = 10$). Bei hohen Mobilitäten ergaben sich günstigere Schätzungen bei $n' = 10$ (sowohl wenn $y = 10$, als auch wenn $y = 30$). Bei niedrigeren n'-Werten lag e näher an 1 bzw. war 1, bei hohem n' zwischen 0,35 und 0,2. Die Schätzungen auf quantitativer Datenbasis hingegen waren stets schlechter als bei qualitativer. Hierbei lagen dann die Werte bei $y = 30$ stets besser als bei $y = 10$ und bei allen Varianten waren Verschlechterungen der Simulationsergebnisse in der Reihenfolge: $n' = $ 10 - 25 - 40 festzustellen. Insgesamt resultiert aus den Simulationen bei *Glaucopsyche nausithous* ein Wert von $n' = 25$ als beste Näherung.

Bei *Glaucopsyche teleius* führten auf qualitativer Datenbasis die verschiedenen n'-Werte bei $y = 30$ zu untereinander sehr ähnlichen Simulationsergebnissen. Die besten m'-Schätzungen lagen alle zwischen 0,5 und 0,05 km^{-1} mit einer Tendenz zu geringeren m' bei geringeren n' als jeweils bessere Simulationsvariante. Bei $y = 10$ ergeben die niedrigsten Werte für n' die besten Ergebnisse, doch auch hier sind die Unterschiede zwischen 10 und 25 minimal. Bei allen Simulationen ist das Optimum von e zwischen 0,2 und 0,5. Auf quantitativer Datenbasis ergaben sich die eindeutig besten Simulationsergebnisse bei einem m' von 1 km^{-1}, unabhängig von n' und y. Durchweg waren die Resultate bei $y = 30$ besser als bei $y = $ 10. Ein n' von 10 ergab praktisch keine Unterschiede zwischen den Minima bei den verschiedenen Mobilitäten auf Basis von $y = 30$, wobei allerdings die am besten passenden Extinktionsparameter sich mit zunehmender Mobilität von 1 bis 0,35 verringern. Bei $n' = 25$ und 40 liegen jeweils die eindeutig besten Simulationsergebnisse bei $m' = 1$ km^{-1}, bei einem optimalen e von 0,35 ($n' = 25$) bzw. 0,2 ($n' = 40$). Die beste Annäherung an minimale Abweichungen war von n' praktisch unbeeinflußt (bei $m' = 1$ km^{-1}). Insgesamt hatte bei *G. teleius* die Größe von n' kaum Auswirkungen auf die Simulationsergebnisse, weshalb der mittlere Wert $n' = 25$ für die umfangreicheren Simulationen verwendet wurde.

Für *Lycaena dispar* ergibt auf qualitativer Datenbasis bei hohen Mobilitäten und $y = 40$ km^{-1} ein n' von 25 die besten Annäherungen, während bei geringeren Mobilitäten $n' = 40$ zu ähnlich guten Resultaten führt. Bei $y = 15$ liegen die relativen Verhältnisse identisch. Die besten Werte für e liegen für $n' = 25$ bei 0,5 bis 0,65 (m' zwischen 0,5 und 0,05 km^{-1}) bzw. bei 0,35 bis 0,5 (m' zwischen 0,5 und 0,005 km^{-1}). Auf quantitativer Datenbasis sind bei $y = $ 40 die Ergebnisse bei allen n' ähnlich, jeweils mit leicht verbesserten Werten bei steigender Mobilität; e ist bei $n' = 25$ zwischen 0,5 und 0,2 anzusiedeln. Bei $y = 15$ sind die Werte für n' $= 25$ die besten, die Unterschiede zu den anderen n' sind aber minimal. Insgesamt war für *L. dispar* vor allem bei höheren Mobilitäten $n' = 25$ der eindeutig beste Wert, bei niedrigeren relativierte sich dies etwas. Für die Simulationen wird daher auch hier $n' = 25$ verwendet.

Vergleich bei qualitativen bzw. quantitativen Ausgangsdaten

Ableitend aus den bislang in diesem Kapitel (Kap. 4.2.7) vorgestellten Ergebnissen wurden alle intensiver durchgeführten Simulationen auf Basis eines Populationsgrößenkorrekturfaktors von $n' = 25$, der Kapazitätsberechnung K_a und einer Inzidenzprognose J_{progn} unter Berücksichtigung des "rescue-effect" durchgeführt (Gl. 3.8). Für alle drei Arten sind die Simu lationsergebnisse sowohl auf Basis der qualitativen wie auch der quantitativen Daten in den Abb. 4.6 bis 4.8 dargestellt. Variiert werden hierbei jeweils der Kolonisationsparameter y (innerhalb jeder Graphik von links nach rechts zunehmend), der Migrationsparameter m' (von den oberen zu den unteren Graphiken abnehmend, also Mobilität und somit Kolonisierungswahrscheinlichkeit zunehmend) und der Extinktionsparameter e (von den linken zu den rechten Graphiken abnehmend, also Extinktionswahrscheinlichkeit zunehmend).

Das Ergebnis ist auf der y-Achse als durchschnittliche Abweichung der prognostizierten von der tatsächlichen Inzidenz (ΔJ) aufgetragen. Der dort dargestellte Bereich geht jeweils von 0,05 (Unterkante der Einzelgraphik) bis 0,31 (Oberkante der Einzelgraphik). Darüberliegende Werte werden aufgrund der bereits sehr schlechten Übereinstimmung nicht mehr dargestellt.

Die wesentlichen Erkenntnisse bezüglich der daraus abzuleitenden besten Simulationsergebnisse sind in Tab. 4.7 zusammengefaßt. Auf quantitativer Basis waren die Abweichungswerte (ΔJ) durchweg größer als bei den qualitativen (die hier erzielten Werte bilden auch die Basis der in Kap. 5.2.3 präsentierten Anwendungsoptionen).

Tabelle 4.7: Simulationsergebnisse für die Metapopulationskonstellationen
der drei Bläulingsarten im Bereich der Pfälzischen Rheinebene
auf qualitativer wie quantitativer Datenbasis.

Falterart und Datenbasis	gute Annäherung			optimale Werte			min. ΔJ
	y	m' [km⁻¹]	e	y	m' [km⁻¹]	e	
G. nausithous qual.	15	0,5-0,2	0,35	30-40	0,2-0,1	0,5-0,35	0,12
G. nausithous quant.	15-20	1-0,5	0,35-0,65	40	0,5	0,5-0,35	0,22
G. teleius qual.	5	1	1-0,2	30-40	0,2-0,005	0,35	0,05
G. teleius quant.	5	1	0,65-0,2	30-40	0,5	0,35	0,11
L. dispar qual.	5	0,2	0,35	15-30	0,1-0,005	0,5-0,35	0,08
L. dispar quant.	10	1-0,5	0,5-0,35	15-20	0,2-0,005	0,2-0,35	0,13

Legende:
gute Annäherung: Simulationskurven erreichen hier in etwa den Wendepunkt, ab dem sich die Werte von den optimal erreichbaren nicht mehr gravierend unterscheiden;
optimale Werte: Simulationskurven erreichen ihre niedrigsten Werte, d.h., die Abweichungen ΔJ sind hier am geringsten und die Schätzungen spiegeln die beobachteten Verhältnisse aus dem Freiland am besten wider;
min. ΔJ = bei den Simulationen aufgetretene minimale durchschnittliche Abweichung der prognostizierten von der beobachteten Inzidenz.

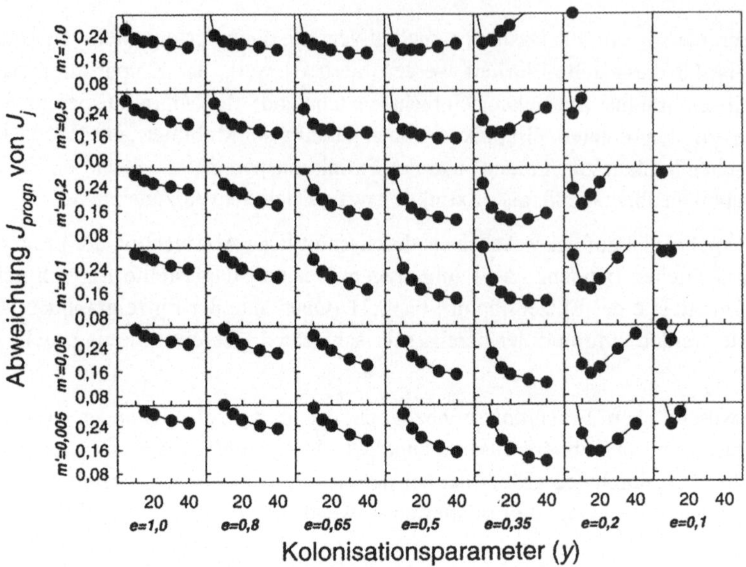

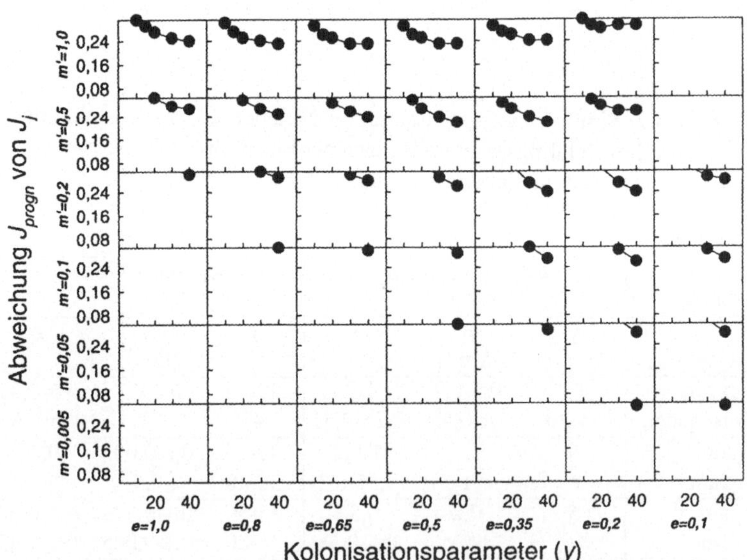

Abbildung 4.6: Simulationsergebnisse für *Glaucopsyche nausithous*.

Basis: qualitative Daten (Anwesenheit/Abwesenheit; oben) und quantitative Daten (unten);

dargestellt ist auf der y-Achse die durchschnittliche Abweichung der prognostizierten Inzidenz von der im Freiland beobachteten für die jeweiligen Parameterkombinationen.

(graphische Gestaltung: Doris Vetterlein)

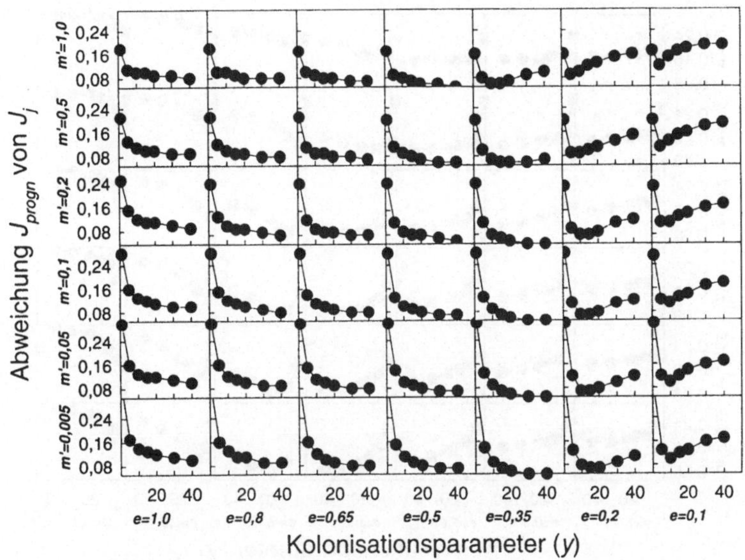

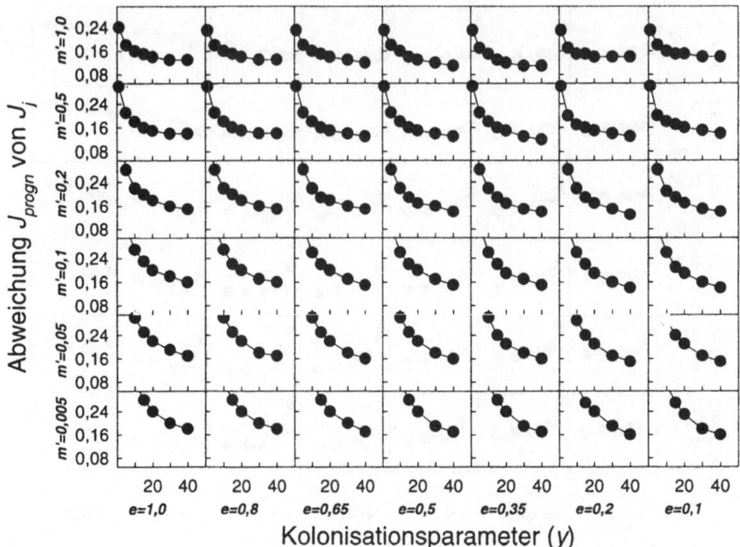

Abbildung 4.7: Simulationsergebnisse für *Glaucopsyche teleius*.

Basis: qualitative Daten (Anwesenheit/Abwesenheit; oben) und quantitative Daten (unten);

dargestellt ist auf der y-Achse die durchschnittliche Abweichung der prognostizierten Inzidenz von der im Freiland beobachteten für die jeweiligen Parameterkombinationen.

(graphische Gestaltung: Doris Vetterlein)

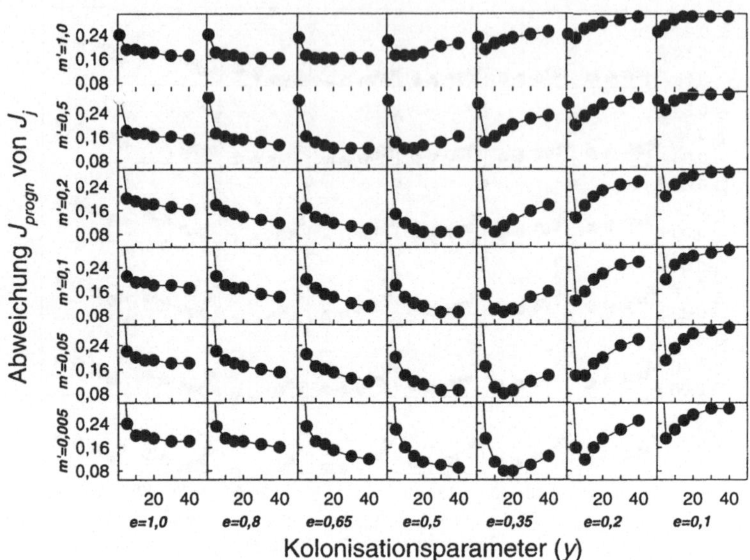

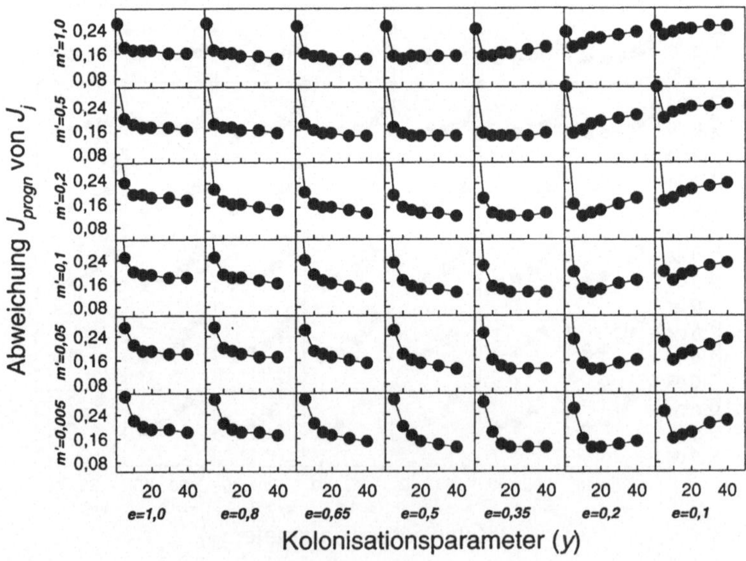

Abbildung 4.8: Simulationsergebnisse für *Lycaena dispar*.

Basis: qualitative Daten (Anwesenheit/Abwesenheit; oben) und quantitative Daten (unten);
dargestellt ist auf der y-Achse die durchschnittliche Abweichung der prognostizierten Inzidenz von der im Freiland beobachteten für die jeweiligen Parameterkombinationen.
(graphische Gestaltung: Doris Vetterlein)

Als Synthese der Simulationsergebnisse auf qualitativer wie quantitativer Datenbasis lassen sich nach dem bisherigen Kenntnisstand die in Tab. 4.8 zusammengestellten Eckwerte für die Metapopulationsparameter der drei untersuchten Arten im Bereich der Pfälzischen Rheinebene ableiten.

Tabelle 4.8: Synthese der Simulationen.
(Werte, die qualitativer wie quantitativer Datenbasis in etwa gleich gut entsprechen.)

Art	y	m'	e
Glaucopsyche nausithous	30	0,5	0,5
Glaucopsyche teleius	20	1-0,5	0,35
Lycaena dispar	10	0,2	0,35

4.3 Diskussion der Grundannahmen und Vereinfachungen des Rasterdatenmodells im Kontext der Simulationsergebnisse

4.3.1 Artnachweise und Inzidenzangaben

Zur Abschätzung der Fehlerquote bei der in Kap. 4.2.3 geschilderten Vorgehensweise zum Nachweis der Arten (Art anwesend aber nicht nachgewiesen) wurden 1989 25 Vergleichsflächen ausgewählt, in denen bis zu 5 Erfassungen von *G. nausithous* und *G. teleius* durchgeführt wurden. Jeweils in etwa 75 % der Flächen, in denen die Art nachweisbar war, erfolgte dieser Nachweis bei der ersten Erfassung, weitere jeweils etwa 10 % bei der zweiten und dritten Erfassung, die verbleibenden 5 % bei der vierten und fünften zusammengenommen.

Für *L. dispar* erfolgte 1993 eine Abschätzung der Zeitdauer, die für den Nachweis jeweils eines Vorkommens (sowohl bezüglich der Eier als auch der Falter) nötig ist, indem mit 4 Bearbeitern die Zeit für den Nachweis, die jeder Bearbeiter brauchte, festgehalten wurde. Dabei zeigte sich, daß in den ersten 30 Minuten lediglich für 60-70% der Habitate, in denen die Art gefunden wurde, der Nachweis der Art tatsächlich erbracht werden konnte. In einigen Habitaten war der Nachweis erst nach etwa 300 Minuten Suchzeit gelungen. Allerdings kann davon ausgegangen werden, daß in Bereichen, in denen sehr lange gesucht werden muß, die Dichte der Tiere wesentlich geringer ist als in Bereichen, in denen der Nachweis bereits nach kurzer Zeit möglich war.

Bei Nachweisen auf Basis adulter Tiere wird es letztendlich auch in sehr ungeeigneten Habitaten möglich sein, bei relativ langer Warte- und Suchzeit die entsprechende Art zu finden. Tiere, die sich auf einem Dismigrationsflug befinden, werden dann auch in nahezu allen Gebieten irgendwann anzutreffen sein (siehe Wiederfänge bei *G. nausithous* nach vermutlicher Überwindung eines Waldbereiches, Binzenhöfer pers. Mitt.; oder bei der verwandten Art *G. arion* nach garantierter Überwindung von Waldbereichen, Pauler-Fürste et al. 1996). Im Rahmen dieser Untersuchungen waren zweimal Tiere von *G. nausithous* und einmal von *G. teleius* in sehr habitatuntypischer Umgebung gesichtet worden. Bei *L. dispar* ist diese Aussage schwieriger zu machen, da die Habitatabgrenzung nicht immer leicht fällt. Ebert & Rennwald

(1991b) erwähnen aber auch für diese Art, daß beispielsweise Eiablagen in aus ihrer Sicht gänzlich ungeeigneten Lebensräumen vereinzelt beobachtet wurden.

Daher wird in vorliegender Studie davon ausgegangen, daß in Habitaten, die von den Arten nicht nur von Einzeltieren besiedelt sind, innerhalb von 30 Minuten in der Regel ein positiver Nachweis erfolgte. In Bereichen geringer Dichte könnte hierbei der Nachweis trotz Anwesenheit nicht erfolgt sein. Nach den vorliegenden Angaben bei *G. nausithous* und *G. teleius* in etwa 20 % der besiedelten oder zumindest im Flug besuchten Habitate, bei *L. dispar* bei etwa 30-40 %. Der Fehler dürfte aber insgesamt dennoch geringer sein, würden nur Habitate mit einem Fortpflanzungserfolg gezählt, welcher hier nicht ermittelt werden konnte, der aber umso wahrscheinlicher ist, umso mehr Tiere im Gebiet anwesend sind.

4.3.2 Rasterdaten

In den 70er Jahren wurden in Europa mehrere Erfassungsprogramme von Tier- und Pflanzenverbreitungen initiiert. Zu den frühesten gehören die Flora Mitteleuropas (Haeupler 1970) und die Erfassung der europäischen Wirbellosen (Heath 1971). Sie stellen Grundlagen zur Arealsystemforschung bereit, die sich unter anderem mit dem Zusammenhang zwischen der Ökologie einer Art und ihrer Verbreitung befaßt (Flacke 1985).

Von den verschiedenen Programmen werden unterschiedliche Rastersysteme wie Meßtischblätter, UTM oder Gauß-Krüger sowie flächenscharfe Erfassungen verwendet. Nach Flacke (1985) entsteht hierbei in der Kausalforschung und in der Raumplanung ein Bedarf nach zunehmend genaueren und umfangreicheren Angaben. Traditionellerweise werden zwei Typen von Verbreitungskarten erstellt: solche mit Fundpunkten und andere mit Arealflächen. Erstgenanntes ist objektiver und genauer, letzteres als Gesamtbild mitunter einprägsamer, wobei es eine Interpretation des Bearbeiters enthält, welcher die räumliche Generalisierung mehr oder weniger begründen kann (Flacke 1985).

Die Rasterkartierung stellt nach Flacke (1985) einen methodischen Kompromiß dar, der die beiden traditionellen Typen zu vereinigen in der Lage ist. Werden die Rasterkarten genügend klein gewählt, dann nähern sie sich stark den Fundpunktkarten an. Generell müssen Fundpunkt- und Rasterkarten vor dem Hintergrund der Gesamtinformation bzw. des Aufwandes und des Vorgehens bei der Datenerhebung beurteilt werden (Flacke 1985). Das häufig gesteckte Ziel einer gleichmäßigen und vollständigen Bearbeitung eines Gebietes bringt entweder einen sehr großen Aufwand oder ein sehr grobes Raster mit sich. Nach Flacke (1985) besteht ein immer größerer Bedarf an genauen Ortsangaben, wobei diese Genauigkeit auch von der Mobilität der einzelnen Organismen abhängen soll.

Für die Praxis wird eine Verbreitungserfassung auf Basis kleiner Stichprobenstellen empfohlen, zumal sich gezeigt hat, daß auch bei geringem Aufwand schon gute Näherungen an die wirklichen Verhältnisse erreicht werden können, zumal dann wenn beabsichtigt wird, ein Gesamtbild der Verbreitung zu gewinnen (vgl. z.B. Maas 1983 und Ellenberg 1985).

Die Wahl der kartographischen Darstellung im Rahmen dieser Studie fiel auf das UTM-System (= Universale Transversale Mercator-Projektion). Die entsprechenden Koordinaten sind in Abb. 4.2 eingezeichnet. Grund hierfür war zunächst die Vergleichbarkeit mit den Angaben von Kraus (1993). Zudem arbeiten viele europaweite Kartierungsprojekte mit dem selben System (z.B. Erfassung europäischer Wirbelloser), so daß die Verwendung dieses Rasters eine Übertragbarkeit auch auf Karten anderer Maßstäbe gewährleisten sollte. Eine gewisse Schwierigkeit stellte in Deutschland bislang die Verfügbarkeit entsprechend genauer Karten dieses Systemes dar (militärische Nutzung). Das UTM-Gitter ist lediglich auf der deutschen Generalkarte 1: 200 000 aufgedruckt. Daraus wurde durch einfache Iteration das vorliegende 500 x 500 m-Raster abgeleitet. Steiner (1991) bezeichnet eine Kartierung nach 5 x 5 km, 1 x 1 km oder 100 x 100 m auf dieser Basis als unmöglich. Sollte dies bereits auf 5 x 5 km der Fall sein, wären die anderen Angaben überflüssig. Vielmehr ist davon auszugehen, daß die Genauigkeiten dieser Kartierungen mit zunehmender Auflösung bezogen auf das jeweilige Maßstabsniveau abnehmen. Wesentlicher scheint hierbei der Hinweis von Steiner (1991), daß die UTM-Netze auf diesen 1:200 000 Karten meist unzuverlässig aufgedruckt sind. So weisen die zur Darstellung der Wildbienen von Westrich (1989) verwendeten UTM-Karten ein fast 2 km nach Osten verschobenes UTM-Gitter auf (zu weiteren Angaben zum UTM-Raster siehe beispielsweise John 1986 und Steiner 1991).

Da auch die vorliegenden Karten auf einer ähnlichen Basis entstanden sind, ist dies bei Verwendung der absoluten Angaben zu berücksichtigen. Das 5 x 5 km-Raster ist hierbei identisch mit dem von Kraus (1993). Alle detaillierten Fundortangaben sind auch als Punktkarten auf Basis der Topographischen Karte 1:25 000 beim Autor verfügbar. Für die zentralen Aussagen dieser Studie hingegen ist dieser Umstand unwesentlich. Die relativen Verhältnisse der dargestellten Verbreitung der Tiere und die entsprechenden Mobilitätsszenarien sind von der exakten Lage des Rasters unabhängig. (Dennoch ist es selbstverständlich anzustreben, möglichst Karten zu verwenden, die über die relative Richtigkeit der Angaben hinausgehen, um sie auch für weitere Anliegen einsetzen zu können.)

Die in vorliegender Studie praktizierte Bearbeitung auf Basis eines 500m-Rasters war gewählt worden, um nach dem Stichproben-Prinzip in Bereichen potentieller Habitateignung (Grünland) jeweils eine Erfassung als Ausschnitt aus einer entsprechend großen, aber dennoch überschaubaren Gesamtfläche durchführen zu können, ohne daß die zeitlich kaum mögliche Bearbeitung der jeweils gesamten Fläche nötig war. Hierbei war diese Fläche durch das 500m-Raster auf ca. 25 ha begrenzt. Der Abstand von Mittelpunkt zu Mittelpunkt der Flächen betrug ebenso 500m bis ca. 700m, so daß zudem bei kontinuierlicherem Auftreten habitatartiger Strukturen eine zweite Stichprobe in einem benachbarten Quadranten und somit in einem durch die Tiere erfahrungsgemäß ohne Schwierigkeiten zu überbrückenden Bereich durchgeführt werden konnte.

Auf diese Weise war es möglich, größere Landschaftsausschnitte zu bearbeiten, ohne auf eine in diesem Maßstab nötige Grundgenauigkeit zu verzichten. Die einheitliche Rastergröße ermöglichte einen unkomplizierten Umgang mit den vorliegenden Flächen und den entsprechenden Abständen der Teilbereiche zueinander (siehe Umsetzung im Modell). Die sonst nötige Schätzung der Habitatkapazität über die Fläche wäre bei Arten wie den hier analysierten aufgrund ihrer regionalen Gesamtverbreitung grundsätzlich schwer möglich, zumal auch hier die Kapaziäten auf und zwischen den einzelnen Flächen bedingt durch kleinräumige Schwankungen der Habitatqualität (siehe Kap. 4.2.3) sehr variieren. Über die Schätzung der Populationsgröße als Maß für die Kapazität (nach Poethke et al. 1996a) ist dennoch eine strukturierte Einschätzung auch größerer Bereiche möglich. Großflächige Gebiete werden durch die Bearbeitung benachbarter bzw. eng beeinanderliegender Quadranten erfaßt. Ortsbewegungen innerhalb eines Habitates werden hierbei nicht von denen zwischen Habitaten unterschieden. Dies dürfte aber keine Probleme verursachen, da der Austausch zwischen benachbarten Quadranten gemittelt einem Austausch innerhalb desselben Habitates gleichkommt und mit größerem Abstand der Quadranten zueinander entsprechend abnimmt. Liegt dazwischen ein Kontinuum von besiedelten Quadranten kommt dies einer Behandlung als große Population sehr nahe, liegen keine besiedelten Habitate oder ungeeignetes Gebiet dazwischen, werden die Verhältnisse wie der Austausch zwischen Populationen behandelt. Indirekt wird hier auch das Problem der Abgrenzbarkeit einzelner Habitate bzw. lokaler Populationen umgangen (vgl. Reich & Grimm 1996).

Völlig unberücksichtigt bleiben im Mittel die Ortsbewegungen der Tiere, die nicht über die Hälfte der Kantenlänge hinausgehen, also bei 500 m-Rastern Bewegungen bis zu 250 m. Diese sind jedoch auf dem hier zu analysierenden Landschaftsmaßstab auch nicht als relevant zu betrachten.

Ein weiterer Vorteil dieses Rasterdaten-Modelles liegt in seiner potentiellen Anwendbarkeit für Analysen auf Basis anderer Maßstäbe. Liegen für Arten brauchbare Angaben erst bei gröberen Rastern vor (zur Diskussion dieser Voraussetzung siehe Settele 1990b), können ebenso wesentliche Parameter, dann methodisch bedingt mit geringerer Genauigkeit, bezüglich ihrer quantitativen Ausprägungen analysiert werden. Da für fast alle Gruppen der Flora und Fauna Verbreitungskarten auf Basis solcher Raster vorliegen (Zitate in Settele 1990b), könnte hier noch ein weites Feld der Anwendung liegen, sobald die entsprechenden Daten nach einzelnen Jahren aufschlüsselbar vorliegen bzw. beschafft werden können. Selbstverständlich eröffnet dieses Modell auch bei feineren Rastern (z.B. Ssymank 1996) weitere Auswertungsoptionen.

4.3.3 Habitateigenschaften, Kapazitäten und Extinktionswahrscheinlichkeit

Eng mit den vorhergehenden beiden Punkten verbunden ist die Beurteilung der Habitateignung eines bestimmten Landschaftsausschnittes für bestimmte Arten. Die im Rahmen dieser Untersuchung praktizierte Vorgehensweise (Erläuterung siehe Kap. 4.2.3) schien vor allem bei *G. nausithous* und etwas eingeschränkter auch bei *L. dispar* gut zu funktionieren. Für die beiden Ameisenbläulinge ist die Suche nach ihrer einzigen Larvenfraßpflanze eine sehr gute erste Einschränkung, ebenso wie die Suche nach den nicht-sauren Ampfern bei *L. dispar*.

Die Präsenz der zweiten Requisite der Ameisenbläulinge, die spezifischen Ameisen, ist hingegen nicht mehr mit einfachen Methoden im Gelände feststellbar. Offensichtlich ist die Ameise für *G. nausithous* nicht begrenzend. Es handelt sich hierbei um die im Vergleich zur *G. teleius*-Ameise *M. scabrinodis* relativ euryökere und nach Ebert & Rennwald (1991b) offensichtlich trockenere Bereiche bevorzugende Art *M. rubra* (= *M. laevinodis* NYLANDER 1846), welche allenfalls gelegentlich als Nebenwirt von *G. teleius* registriert wird (J.A.Thomas et al. 1989). Diese Feuchtigkeitspräferenz paßt auch zu der Beobachtung, daß zumal in eher feuchten Biotopen *G. teleius* oft häufiger als *G. nausithous* vorkommt, wohingegen *G. teleius* gerade dort fehlt, wo *G. nausithous* relativ trockene Brachflächen besiedelt (Ebert & Rennwald 1991b). *M. rubra* dürfte aufgrund ihrer Fähigkeit, in trockeneren Bereichen gut zurechtzukommen, nicht unter den nach den Angaben in P. Thomas (1990) abzuleitenden Konzentrationen der Grünlandproduktion auf nicht zu nasse Bereiche gelitten haben.

Für *G. teleius* hingegen wäre es durchaus denkbar, daß der Verlust vieler Flächen, bedingt durch die Aufgabe großer Grünlandbereiche oder deren Intensivierung (Düngung) letztendlich zum eindeutig belegbaren Rückgang der Art in der Region geführt hat (vgl. Abb.4.1 und Settele 1990b; siehe auch Angaben von Hassler 1986, zitiert in Ebert & Rennwald 1991b, wonach auf den Feuchtwiesen der Rheinauen die Art nur noch lokal vorkommt und offensichtlich seltener wird). Damit verbunden ist auch von Veränderungen der Peripherie dieser Zonen auszugehen. Diese von der intensiven Bewirtschaftung nicht oder nur unregelmäßig erfaßten Saumstandorte scheinen nach Ebert & Rennwald (1991b) für die Art (direkt wie indirekt über die Ameise) wesentlich zu sein. Der in Ebert & Rennwald (1991b) genannte Vorkommensschwerpunkt in Feuchtwiesen und an Bächen und Gräben (Kohldistelwiesen, Binsenwiesen), von denen aus die Art demnach dann auch in (feuchten bis frischen) Mähwiesen auftreten soll, kann im Prinzip bestätigt werden. Am besten von *G. teleius* besiedelt sind nach Ebert & Rennwald (1991b) nur einmal (im Herbst) aber doch relativ regelmäßig gemähte „Streuwiesen". Den Bedürfnissen der Art kommt im Prinzip aber auch eine frühere Mahd (vor Mitte Juni) entgegen, da *S. officinalis* danach erneut austreibt und *G. teleius* zur Flugzeit reichlich die im Gegensatz zu *G. nausithous* zur Eiablage bevorzugten, noch relativ kleinen Blütenknospen antrifft. Aufgrund der in der Regel jedoch im Sommer ein zweites mal stattfindenden Mahd (die ab Mitte September akzeptierbar wäre), scheiden derartige Bereiche zumeist als Larvalhabitat gänzlich aus. Ebenso fällt nach Ebert & Rennwald (1991b) aber auch auf, daß *G. teleius* auf brachgefallenen Flächen ehemaliger Habitate schneller verschwindet als *G. nausithous*.

Neben der Verschiebung der Schwerpunkte im Grünland kann insgesamt *G. nausithous* auch zugute gekommen sein, daß durch die geringe Flächengröße auch mehr Randbereiche existieren, die der Art auch bei auf der Fläche unpassender Mahd eine gewisse Überlebenschance garantieren, welche aufgrund der guten Bracheanpassung (Settele & Geißler 1988) evtl. im Vergleich zu *G. teleius* höhere Überlebenschancen nach sich gezogen haben könnte.

Die noch bestehenden Bereiche mit Vorkommen von *G. teleius* in der Pfälzischen Rheinebene sind alle von relativ größerer Fläche oder aber in engem Abstand zueinander, so daß sich auf kurzer Distanz eine relativ gute Flächenverfügbarkeit ergibt.

Die auch im Rahmen der hier durchgeführten Simulationen festgestellten relativ geringen Mobilitäten dieser Art dürften einen wesentlichen weiteren Punkt für die Erklärung des Rückganges in den letzten Jahrzehnten darstellen (relativ zu *G. nausithous* könnte auch nach den Angaben von B. Binzenhöfer, pers. Mitt., bei *G. teleius* eine geringere Mobilität vorliegen).

Die Habitate von *G. teleius* sind im Untersuchungsgebiet eher in feuchteren, großflächigeren, selten aber regelmäßig gemähten Wiesenbereichen zu erwarten. Da diese aber nur noch sehr vereinzelt anzutreffen waren und auch dann nicht festzustellen war, ob sie für *G. teleius* geeignet wären, wurden lediglich die Bereiche, in denen die Art irgendwann nachweisbar war, als Habitate betrachtet. Dies zieht auch nach sich, daß nur diesen Bereichen berechtigterweise eine Habitatkapazität zugestanden werden kann. Um auch anderen Gebieten eine Kapazität zuordnen zu können, müssen noch weitere Analysen erfolgen, um ggf. auf Basis von Akkumulationen von Quadranten potentieller Eignung (feuchtere Wiesen mit *S. officinalis*) einen flächenbezogenen Schwellenwert zu ermitteln, bei dem dann den einzelnen Quadranten entsprechende Kapazitätswerte zugewiesen werden könnten.

Um auch bei den anderen beiden Arten zunächst den Schwierigkeiten, die sich aus der Habitatbeurteilung und damit einer Kapazitätsabschätzung, die für die Simulationen und die Beurteilung der Extinktionen nötig ist, ergeben, Rechnung zu tragen, wurde auch hier entsprechend verfahren. Es wurden also nur die Habitate als potentiell geeignet und somit als eine Kapazität aufweisend mit aufgenommen, in denen irgendwann ein Nachweis erfolgt war.

Grundsätzlich ist die Einschätzung der richtigen Kapazität bei den vorliegenden Arten schwierig. Da dem Konzept zugrundeliegt, daß bestimmte Bereiche die Habitatfaktoren jederzeit erfüllen und nur durch entsprechende demographische Erscheinungen oder durch Katastrophen von außen das Habitat nicht besiedelt ist, kann es hier nicht so vereinfacht zum Einsatz kommen. Die Habitateignung der einzelnen Flächen kann sich nämlich für jede Fläche von Jahr zu Jahr ändern und unvorhersehbar in einem Jahr im Prinzip auch gleich Null sein. Dies ist z.B. der Fall, wenn in Bereichen in denen die Eiablagen erfolgten, zu einem ungünstigen Zeitpunkt flächig gemäht wird und damit die Habitateignung für eine entscheidende Phase wegfällt.

Die daraus abgeleitete Konsequenz, für die Kapazitätsschätzung die Werte aller Erfassungen zu mitteln, liegt wiederum zu extrem in der entgegengesetzten Richtung, da hier unterstellt wird, daß alle Bereiche in denen die Tiere nie nachgewiesen wurden, auch keine Kapazität aufweisen. Gerade falls durch Isolation einige Gebiete nach Extinktionsereignissen nicht wieder besiedelbar sind, kann durchaus eine hohe Kapazität vorliegen, wenngleich keine Individuen gefunden wurden. Ist dies bei *L. dispar* und *G. nausithous* aufgrund ihrer hohen Mobilität und relativ regelmäßigen Verbreitung über das gesamte Untersuchungsgebiet wohl ein geringeres Problem, so muß es doch bei *G. teleius* berücksichtigt werden.

Bei *G. nausithous* und *L. dispar* kann aber aus genannten Umständen zudem auf Basis der in Tab. 4.3 und 4.4 aufgezeigten kumulativen Betrachtungsweise angenommen werden, daß ein großer Teil der Habitate, die im Untersuchungszeitraum geeignet waren, nach 5 Jahren relativ vollständig erfaßt waren, zumal, bei einer großen Gesamtzahl von Quadranten (i. Ggs. zu *G. teleius*), die Zunahme von Habitaten mit Nachweis der Arten immer geringer wird.

Im Zusammenhang mit der Abschätzung der Extinktionswahrscheinlichkeit hat die Kapazitätsschätzung auf Basis aller Werte den Vorteil, daß die Extinktionswahrscheinlichkeit bei nicht besiedelten Habitaten immer „1" ist und somit zunächst zwangsläufig geringere Abweichungen der prognostizierten Inzidenzen von der beobachteten zu verzeichnen sein werden. Auch dieser Faktor ist vor allem bei *G. teleius* ein Problem. Die Schwierigkeiten sind insgesamt identisch mit den bei der Kapazitätsschätzung genannten, zumal die Kapazität vor allem mit dem Ziel geschätzt wird, Aussagen über die Extinktionswahrscheinlichkeit zu erhalten.

4.3.4 Beurteilung des Vorliegens einer Metapopulation

Die Analyse der Verbreitung der drei Arten im Gebiet der Pfälzischen Rheinebene 1989, 1991, 1992, 1994 und 1995 erfolgte in, je nach Art, 196 bis 221 500m-Quadranten (s. Tab. 4.3). Trotz ungleicher Erfassungsintensität in den verschiedenen Jahren (vgl. Tab. 4.2) wird deutlich, daß alle drei Arten einer ausgeprägten Dynamik unterliegen, welche den Vorstellungen einer Metapopulationsverteilung entspricht. Bei kumulativer Betrachtung ihrer Anwesenheit über die Erfassungsperiode hinweg werden die Arten in immer neuen Quadranten nachgewiesen.

Mit einer Ausnahme waren für alle Arten in keinem Jahr 100% der im Erfassungszeitraum mindestens einmal besetzten Quadranten besiedelt. Der prozentuale Belegungsgrad schwankte z.T. erheblich zwischen den Jahren (*G. nausithous* zwischen 48 und 81%, *G. teleius* zwischen 22 und 100%, *L. dispar* zwischen 33 und 81%; vgl. Tab. 4.4). Von den Quadranten mit Nachweis, die in allen Jahren bearbeitet wurden, waren bei allen Arten zwischen 80% und 88% einem Wechsel unterworfen (vgl. Tab. 4.6, vorletzte Spalte).

Bei allen drei Arten sind die Grundzüge einer typischen Metapopulationsdynamik auf größerem Raum also bereits nach vier bis fünf Untersuchungsjahren deutlich erkennbar (vgl. Kriterien in Reich & Grimm 1996). Zu den wesentlichen, den Aussterbe- und Wiederbesiedlungsprozessen zugrundeliegenden Einflußfaktoren sind die zufällige Verteilung der Mahdzeitpunkte und der gemähten Flächen (hier als lokal sehr variabel auftretende Umweltschwankungen aufzufassen; vgl. Frank & Berger 1996, Poethke et al. 1996a), sowie die Mobilität der Tiere (s.u.) zu rechnen.

Neben dem Nachweis einer Metapopulationsdynamik ist jedoch noch von besonderer Bedeutung, welche räumliche Ausdehnung sie aufweist. Nach C.D.Thomas (1995) können alle lokalen Populationen einer bestimmten Art, die innerhalb der normalen Erreichbarkeit liegen, als derselben Metapopulation zugehörig betrachtet werden. Die Tiere sind in der Lage, innerhalb des Habitatsystemes in mehreren Schritten, d.h. in mehreren Generationen, alle Bereiche zu erreichen, wenngleich sie nicht zu einem direkten, unmittelbaren Austausch zwischen entfernteren Patches in der Lage sind. Wesentlich ist also die Klärung der normalen Erreichbarkeit von lokalen Patches, die zwar die Kolonisationswahrscheinlichkeit beeinflußt, von dieser aber prinzipiell dennoch zu unterscheiden ist (siehe Kap. 3.2.3). Aber auch liefert die Analyse der Erreichbarkeit, je nach den dafür herangezogenen Kriterien, ein breites Spektrum von Ergebnissen (vgl. Frank & Berger 1996).

Wird beispielsweise für *G. nausithous* eine, nach den bislang vorliegenden Angaben durchaus häufig zu erwartende, Zwischen-Patch-Mobilität von etwa 1,5 km angesetzt, so resultieren knapp 40 (Sub-)Populationen aus dem in Abb. 4.2 dargestellten Verbreitungsmuster der Einzelvorkommen. Auf Basis einer größeren Reichweite der Art zwischen einzelnen Patches, die bei etwa 3,5 km angesetzt werden könnte (Geißler & Settele 1990), ergibt sich eine Verteilung auf 15 (Sub-)Populationen. Sollen alle nachgewiesenen Vorkommen der Art im Gebiet im Austausch stehen, so müßte eine Mobilität der Art von 5,5 km vorliegen. Auch diese Entfernung dürfte von *G. nausithous* regelmäßiger zu schaffen sein (nach Daten von B. Binzenhöfer, pers. Mitt.; vgl. auch Settele et al. 1996a).

Wendet man die Definition von C.D.Thomas (1995) an, so kann für *G. nausithous* davon ausgegangen werden, daß im gesamten Untersuchungsgebiet eine einzige Metapopulation vorliegt. Für *G. teleius* ist dies aufgrund der eng umgrenzten Gesamtverbreitung und dem bislang bekannten Verbreitungspotential der Art ebenso relativ klar. Sollte bei *L. dispar* eine einzige (bzw. wie bei den anderen beiden Arten auch denkbar, nur der Teil einer einzigen) Metapopulation hier vorliegen, müßte die Art, um das auf Basis der erhobenen Daten isolierteste Vorkommen im Gebiet zu erreichen, eine Strecke von 13 km bewältigen können, was nach den spärlichen vorliegenden Angaben (van Swaay, zitiert als pers. Mitt. in Pullin et al. 1995) gut vorstellbar ist.

Mit den vorliegenden Daten lassen sich verschiedene Szenarien von Metapopulationskonstellationen, also Konstellationen von „Populationen von Populationen" (Levins 1970, Poethke et al. 1996a) durchspielen. Hierbei können die lokalen Populationen, die aufgrund der Annahme einer bestimmten Mobilität gruppiert werden, bei Reduktion dieser Mobilität wiederum jeweils für sich Metapopulationscharakter aufweisen und in weitere Subpopulationen unterteilt werden. Dies ist in Settele et al. (1996a) am Beispiel von *G. nausithous* erläutert worden. Voraussetzung für die Verwendung des Metapopulationsbegriffes ist hier aber, daß die Kriterien von C.D.Thomas (1995) nicht zu eng ausgelegt werden. Doch dies wäre mit Wahl der Begriffe „metapopulationsartig" oder „Metapopulationscharakter" elegant zu lösen. Die Verwendung einiger Grundideen des Metapopulationskonzeptes (Kolonisation, Extinktion) kann hier auf alle Fälle wesentlich zum Prozeßverständnis beitragen.

4.3.5 Populationsgrößenschätzungen

Im Zusammenhang mit Metapopulationsfragestellungen spielt die Populationsgröße eine entscheidende Rolle. Von ihr hängt die Anzahl aus einem Habitat emigrierender Tiere ab. Ebenso ist sie ein Maß für die Kapazität, falls, wie in vorliegender Studie, Flächenangaben nicht gemacht werden können (vgl. Poethke et al. 1996a). Diese wiederum wirkt sich entscheidend auf die Extinktionswahrscheinlichkeit aus. Die Schwankungen der Populationsgrößen können als Maß für die potentielle Empfindlichkeit von Populationen gegenüber Störungen dienen (den Boer 1993, Tscharntke 1995).

In der Praxis lassen sich diese Größen unter Anwendung zahlreicher Verfahren mit unterschiedlicher Zuverlässigkeit schätzen. Die meisten der zuverlässigeren Verfahren (Jolly-Seber und Capture) basieren auf Markierungs-Wiederfang-Untersuchungen. Zusammenstellungen sind beispielsweise in Begon (1979), Caughley (1980), Gall (1985) und Pollock et al. (1990) enthalten.

Spezifisch für Tagfalter liegen zu mehreren Arten Studien an Einzel- bzw. Subpopulationen oder sogar Metapopulationen vor, in deren Rahmen exaktere Populationsschätzungen durchgeführt wurden (z.B. Fisher & Ford 1947, Ehrlich et al. 1980, Harrison et al. 1988, Murphy et al. 1990, Kockelke et al. 1994, Hanski et al. 1994, 1995b, Pauler et al. 1995, Brunzel & Reich 1996, Vogel & Johannesen 1996). Da bei Tagfaltern selten mehr als 1/3 der Population an ein und dem selben Tag aktiv ist und in der Regel die Flugzeit 4 bis 6-mal solange dauert wie die durchschnittliche Individuallebenserwartung (eigene Berechnungen aus den Originaldaten einiger der zitierten Arbeiten), ist ein hoher Aufwand erforderlich, um zu einigermaßen zuverlässigen Schätzungen zu gelangen. Zudem spielt noch die Strategie der jeweiligen Art eine wesentliche Rolle. Arten mit hoher Dichte auf eng umgrenzten Flächen erlauben normalerweise höhere Wiederfangraten als solche mit großflächiger Lebensweise bei geringer Dichte. Die höheren Wiederfangraten ergeben wiederum zuverlässigere Schätzungen der Populationsgrößen (zur Vertiefung dieses Aspektes siehe Settele et al. 1995).

Zur Ableitung von Größenordnungen von Populationsgrößen-Korrekturfaktoren, die im Modell benötigt werden und verwendet wurden, soll hier zunächst ein Vergleich der Verhältnisse bei den 5 in Mitteleuropa vertretenen Arten der Untergattung *Maculinea* (Ameisenbläulinge im engeren Sinne) herangezogen werden.

Die Arten lassen sich relativ zueinander in etwa folgendermaßen charakterisieren und gruppieren (in Klammer Angabe zu Datenquellen, die für eine vergleichende Grobbewertung bezüglich populationsökologischer Daten zu diesen Arten herangezogen werden):

- Arten mit sehr hoher Populationsdichte und in der Kulturlandschaft meist eng begrenzten Habitaten:
  - *Glaucopsyche (Maculinea) alcon*, der Lungenenzian-Ameisenbläuling (Nunner pers. Mitt., Wynhoff et al. 1996) und

- *Glaucopsyche (Maculinea) rebeli*, der Kreuzenzian-Ameisenbläuling (Hochberg et al. 1992 und 1994, Kockelke et al. 1994, Settele et al. 1995);
- Arten mit mittlerer bis hoher Dichte und weiter verbreiteten potentiellen Habitaten:
  - *Glaucopsyche (Maculinea) nausithous*, der Dunkle Wiesenknopf-Ameisenbläuling (Binzenhöfer pers. Mitt., Garbe 1993, Geißler pers. Mitt., eigene Daten);
- Arten mit geringeren Populationsdichten und größerflächigen Vorkommensbereichen:
  - *Glaucopsyche (Maculinea) teleius*, der Helle Wiesenknopf-Ameisenbläuling (Binzenhöfer pers. Mitt., eigene Daten) und
  - *Glaucopsyche (Maculinea) arion*, der Thymian-Ameisenbläuling (Pauler et al. 1995, Pauler-Fürste et al. 1996, Settele et al. 1995).

Bei allen Arten ergaben die bisherigen Studien, daß die pro Bearbeitungstag anzutreffenden Individuen in ihrer Anzahl sehr schwanken. Eine zuverlässige Beziehung herzustellen zwischen den täglich bzw. pro Begehung zu beobachtenden Tieren und der Gesamtpopulationsgröße ist nicht möglich (im Ggs. z.B. zu einigen Heuschreckenarten, die eine wesentlich längere Individuallebenserwartung im Verhältnis zur Gesamtaktivitätsphase einer Population aufweisen, vgl. Gottschalk 1996). Es kann lediglich auf Basis der mittleren pro Tag angetroffenen Individuenzahl ein Korrekturfaktor berechnet werden, der zur gesamten Populationsgröße führte. Dieser liegt nach Berechnungen auf Basis der oben angegebenen Quellen, bei denen sowohl Angaben zu den pro Einzeltag bzw. Einzelbegehung festgestellten Individuen, als auch gute Gesamtpopulationsschätzungen vorlagen, für *G. rebeli* etwa bei 30 (Schwankungsbreite: 17 bis 86; eigene Berechnungen auf Datenbasis von Kockelke, pers. Mitt.), für *G. nausithous* etwa bei 25 (Schwankungsbreite: 5 bis 85; eigene Berechnungen auf Datenbasis von Geißler, pers. Mitt.) und für *G. arion* je nach Gebiet zwischen 25 und 45 (eigene Berechnungen auf Datenbasis von Pauler-Fürste, pers. Mitt.). Zu den anderen Arten lagen keine hinreichenden Daten vor.

Inwiefern dieser Faktor von der Strategie der jeweiligen Art beeinflußt wird, kann auf dieser dünnen Basis noch nicht gesagt werden, zumal er sich in einem für die analysierten Arten relativ ähnlichen Rahmen bewegt. Für die Art mit den geringeren Populationsdichten ist er offensichtlich größer, was zunächst logisch zu sein scheint, zumal pro Flächeneinheit weniger Individuen zu finden sind, wenngleich die Population mehr Tiere umfaßt. Auch paßt hier die Tatsache, daß die Wiederfangraten bei Markierungs-Wiederfang-Studien bei Arten mit geringeren Dichten niedriger sind (vgl. Settele et al. 1995), doch ist die Erfassungsintensität im Verhältnis zur in Frage kommenden Fläche geringer, weshalb diese Unterschiede durchaus methodischer Art sein könnten.

Trotz der offensichtlichen Probleme und der großen Schwankungen, denen ein derartiger Korrekturfaktor je nach Fläche unterliegt, wurde ein solcher im Rahmen der vorliegenden Studie verwendet, zumal bislang keine besseren Alternativen vorliegen.

Der Korrekturfaktor der sich für *G. arion* errechnen ließ, war hier aufgrund der vermutlich ähnlichen Populationsdichten (zumindest nach dem vorhandenen Wissen) auch auf *G. teleius* und *L. dispar* übertragen worden (zu *L. dispar* sind nur wenige diesbezüglich relevante Studien vorhanden, vgl. Pullin et al. 1995).

Insgesamt ergeben sich für die drei hier untersuchten Arten Populationskorrekturfaktoren, die zwischen 20 und 40 liegen dürften. Für die Anwendung im Modellkontext wurden daher für alle Arten Simulationen unter Einbeziehung der drei Korrekturfaktoren 10, 25 und 40 durchgeführt.

Hierbei zeigte sich, daß ein Korrekturfaktor von 25 insgesamt die besten Werte bei realitätsnahen Simulationen, zumindest auf Basis der qualitativen Daten, ergab. Wurden hohe Mobilitäten angenommen, so ergaben die Simulationen zwangsläufig bessere Näherungen, wenn ein niedrigerer Korrekturfaktor angenommen wurde. Dies ist darauf zurückzuführen, daß eine höhere Mobilität durch eine geringere Anzahl an insgesamt migrierenden Tieren rein mathematisch kompensiert werden kann. Ebenso wirkte sich ein niedriger Korrekturfaktor dahingehend aus, daß die Extinktionswahrscheinlichkeit stark abnahm.

Bei den quantitativen Daten, die immer schlechtere Ergebnisse der Simulationen nach sich zogen, zum anderen aber meist zu einem klarer differenzierten Verlauf der entsprechenden Kurven führten (vgl. Abb. 4.6 bis 4.8), war eine Tendenz in Richtung auf bessere Näherungen der Simulationen bei geringeren Korrekturfaktoren zu verzeichnen, so daß zumindest hieraus auch eher eine Über- als eine Unterschätzung der Populationsgröße bei einem Korrekturfaktor von 25 abzuleiten wäre.

Aufgrund der Erfahrungen von Freilandstudien ist flächenbezogen eher davon auszugehen, daß für die hier einheitlichen 25 ha-Flächen, die Schätzungen viel zu niedrig sind. Doch muß hierbei bedacht werden, daß fast nie die gesamten 25 ha geeignetes Habitat umfassen und z.T. sogar nur kleine Teilbereiche eine entsprechende Eignung aufweisen. Die höchsten im Rahmen dieser Studie festgestellten Zählungswerte für einen Quadranten in einem Jahr lagen beispielsweise für *G. nausithous* bei 60, was dann umgerechnet 1500 Tiere bedeuten würde. Selbst wenn ein gesamter Quadrant als Habitat geeignet wäre, würde dies immer noch 60 Tiere pro ha bedeuten. Da die Habitatflächen jedoch meist nur kleinere Teile der Quadranten einnahmen, kommen die geschätzten Werte der Realität schon relativ nahe.

4.3.6 Mobilitätsschätzung

Die am Beispiel von *G. nausithous* erläuterte Mobilitätsquantifizierung konnte zunächst nur einen ersten Anhaltspunkt liefern. Die in Kap. 4.2.5 gezeigten Verhältnisse unterschätzen das Mobilitätspotential der Art, zumal unterstellt wird, daß alle markierten Tiere zu Beginn der Flugzeit starteten und dann während der ganzen Zeit die Chance bestand, diese in anderen Gebieten wiederzufinden. Aufgrund der bei vielen Individuen weit nach Beginn der Flugperiode erfolgten Markierung war die Wahrscheinlichkeit diese wiederzufinden geringer, was im Umkehrschluß bedeutet, daß ihre Mobilität höher gewesen sein muß, so daß sie noch im Rahmen der durchgeführten Untersuchungen eine entsprechende Wiederfangchance aufweisen konnten. Diese Einschätzung wird auch durch die Simulationen bestätigt, so daß zumindest bei *G. nausithous* die Einschätzung der Mobilität bei diesen beiden Vorgehensweisen sich nicht widerspricht. Genauere Analysen auf Basis neuerer und umfangreicherer Daten (z.B. von B. Binzenhöfer) sind noch durchzuführen, um die entsprechende Datenbasis zu verbessern.

Die im Rahmen dieser Arbeit simulierten Mobilitäten gingen alle von einer kontinuierlichen Abnahme der Wahrscheinlichkeit aus, mit der eine mittlere Wanderstrecke D zurückgelegt wird. Ausgegangen wurde hierbei von 100% der Tiere, die ein entsprechendes Bewegungspotential aufweisen. Die Basis für die Herleitung des Dismigrationsparameters von 0,5 km^{-1} für *G. nausithous* war bei weitem nicht ausreichend, zeigte aber grundsätzlich, wie vorgegangen werden könnte. Bei anderen Schätzungen der Mobilität werden auch kontinuierlich negativ exponentiell verlaufende Abnahmen mit zunehmender Entfernung angenommen (Burgman et al. 1993, Poethke et al. 1996a). Wobei aber beispielsweise Poethke et al. (1996a) bei der Heuschrecke *Platycleis albopunctata* davon ausgehen, daß lediglich 15% ihrer Tiere überhaupt zur Ortsbewegung neigen. Aufgrund artspezifischer (evtl. auch generell heuschreckenspezifischer) Verhaltensweisen, gehen sie dabei zunächst von einer Zunahme der Mobilität bis zu einer Entfernung des Zielhabitates von ca. 500 m aus, bevor die Kurve dann in die negativ exponentielle Phase allmählich übergeht. Dies, weil die Heuschrecken dann, wenn sie sich zur Dismigration „entscheiden", auf alle Fälle sogleich größere Distanzen zurücklegen. Dieses Verhalten wird von den verschiedensten Tiergruppen (auch von Tagfaltern) anekdotisch berichtet, doch fehlen weitestgehend Quantifizierungen, die den Sachverhalt entsprechend belegen. Im Rahmen der vorliegenden Studie wird dieser Effekt, so er denn existieren sollte, als nicht relevant betrachtet, da zum einen durch die Rasterdarstellung die Bereiche der engsten Umgebung nicht differenziert betrachtet werden und zum anderen die Effekte, die vor allem in der näheren Umgebung dann wohl von Relevanz wären, im vorliegenden Landschaftskontext von untergeordnetem Interesse sind. Zudem wird hier von einem kontinuierlichen Bewegungsmuster der Falter ausgegangen, zumal ihre normale Fortbewegungsweise fliegend erfolgt und kein Wechsel z.B. vom Laufen zum Fliegen, wie er bei Heuschrecken wohl von Relevanz sein dürfte, stattfindet.

Für die Abschätzung einer Dismigrationswahrscheinlichkeit p_m nach Poethke et al. (1996a) fehlen jegliche quantitative Anhaltspunkte, weshalb hier eine derartige Unterteilung nicht versucht wurde. Bezüglich der Resultate wäre es auch gut vorstellbar, daß den hier vorgestellten ähnliche Simulationsergebnisse aus einer Kombination aus Dismigrationswahrscheinlichkeit p_m *sensu* Poethke et al. (1996a) und entsprechend modifizierter Ausbreitungsgleichung für diese dann dismigrierenden Tiere resultierten. Die stärksten Unterschiede müßten sich dann je nach gewählten Parametern in mittleren oder hohen Entfernungsbereichen über die Populationsgröße-Korrekturfaktoren ergeben, die die Verhältnisse von Kolonisationswahrscheinlichkeit und Extinktionswahrscheinlichkeit zu einem gewissen Grad verschieben würden. Doch dürften die Endergebnisse bezüglich ihrer Gesamtaussage sich nicht allzusehr unterscheiden, zumal die grundlegenden Prozesse und deren Quantifizierungen sich im Prinzip sehr ähnlich wären.

Die Einstufungen der maximalen Reichweiten der untersuchten wie auch anderer Tagfalterarten leiden unter einer ähnlichen Datenknappheit (Settele et al. 1996a) wie die eben quantifizierten Dismigrationsverhältnisse. Da bei einer negativ exponentiellen Abhängigkeit nie der Nullpunkt erreicht wird, d.h., daß die Tiere mit zwar unendlich kleiner Wahrscheinlichkeit doch unendlich weit kommen, ist es aus praktischen Gründen sinnvoll, eine Obergrenze für die Berechnung der Reichweiten festzulegen. Quantitativ wirken sich bei Anwendung der entsprechenden hier verwendeten Funktionen die Weitflieger kaum aus. Ein Vergleich der verschiedenen Optionen ergab, daß bei einem m' von 1 bis 0,5 km^{-1} eine maximale Reichweite von 15 km zur Berechnung ausreicht. Bei den m' von 0,2 bis 0,05 km^{-1} waren 30 km ausreichend, bei einem m' von 0,005 km^{-1} wurden 50 km als ausreichend eingestuft. Sollte es allerdings gelingen, bei entsprechend flugkräftigen Arten auch in großer Entfernung mehr als ein Tier einer Art in einer Untersuchung wiederzufangen, so würde dies ggf. stärkere Modifikationen der Gleichungen zur Folge haben.

Bei den Berechnungen der Dismigrationsverhältnisse wurde im Rahmen der gesamten Studie von einer zufälligen Verteilung der Migrationsereignisse, unabhängig von dem Raum zwischen den Habitaten ausgegangen. Es wurden also weder Hindernisse noch Korridoreffekte berücksichtigt. Bei einer durch ihre Art der Mobilität wenig eingeschränkten Gruppe wie den Tagfaltern scheinen diese Effekte auch eine geringere Rolle zu spielen als bei vielen anderen v.a. epigäischen Arthropodengruppen (den Boer 1990). Die Ergebnisse der direkten Erfassungen über Markierungs-Wiederfang-Experimente zeigen, daß zumindest bei Tagfaltern selbst bei kleinen Arten wie Bläulingen die gängigen „Barrieren" (wie Wälder oder geschlossene Ortslagen) als solche nicht unüberwindlich sind (Pauler-Fürste et al. 1996 für *G. arion*; B. Binzenhöfer, pers. Mitt. für *G. nausithous* und *G. teleius*). Zudem kann die Aussage, daß bei Tagschmetterlingen die Ausbreitungsdistanz positiv mit der Körpergröße verbunden ist (Tscharntke 1995, Tscharntke & Greiler 1995), bislang nicht durch entsprechend repräsentatives Datenmaterial belegt werden (siehe z.B. vorliegende Daten oder Angaben von Witkowski & Adamski, 1996, zum relativ großen Apollo-Falter).

Ein „konventioneller" Biotopverbund, wie er in Form kontinuierlicher Habitate (bzw. optisch nachvollziehbarer Kontinua) verstanden wird, ist hier nicht von Relevanz (vgl. Seufert & Bamberger 1996), vielmehr ist ein Verbund nicht zu weit voneinander entfernt liegender Habitate (im Rahmen der regelmäßigen Erreichbarkeit durch die einzelnen Individuen einer Art liegend) bei Faltern fast ohne Berücksichtigung des Zwischenraumes wirksam (vgl. Settele et al. 1996a). Wesentlich ist der Effekt der Entfernung zum nächsten besiedelten Habitat (C.D.Thomas et al. 1992, C.D.Thomas & Jones 1993), nicht aber pauschal die Einbettung in vermeintlich naturnahe Bereiche, wie von Steffan-Dewenter & Tscharntke (1997) konstatiert. Die Bedeutung der von ihnen in diesem Zusammenhang hervorgehobenen Lebensraumfragmentierung und Biotopvernetzung kann nur artspezifisch adäquat beurteilt werden (Settele et al. 1996a).

4.3.7 Kolonisationswahrscheinlichkeiten

Die Simulation der verschiedenen Kolonisationswahrscheinlichkeiten zeigte, daß bei allen Arten auf Basis der vorliegenden Daten eine entsprechend hohe Zahl von Immigranten notwendig ist, um eine erfolgreiche Besiedlung zu erreichen.

Die Anzahl der Tiere, die für eine 50%ige Kolonisierungswahrscheinlichkeit nötig ist, entspricht direkt dem Wert des Kolonisationsfaktors y, der bei allen hier analysierten Arten mindestens 10, zum Teil aber besser eher 30 betragen muß, um zu möglichst guten Simulationsergebnissen zu gelangen. Dies bedeutet auf der Basis der in vorliegendem Modell angenommenen Dismigrationsverhältnisse, daß diese entsprechende Anzahl Tiere am entsprechenden Quadranten vorbeikommen muß, nicht aber zwangsläufig, daß diese dort verweilen und sich etablieren. Poethke et al. (1996a) gehen davon aus, daß sich die Heuschrecke in den entsprechenden Habitaten niederläßt, um dort zu verbleiben. Dies ist aber auf Basis des Migrationsverhaltens, das bei ihnen vorausgesetzt wird, in sich unschlüssig. Wenn der Anteil der Gesamtpopulation, der eine gewisse Wanderstrecke D zurücklegt nur bis zu dieser wanderte, dürfte der Rest der darüberhinaus wandernden Tiere nur noch maximal die Differenz von 100% abzüglich der bei einer bestimmten Wanderstrecke D sich niedergelassen habenden Tiere sein. Doch dies ist auch bei Poethke et al. (1996a) nicht der Fall. Vielmehr ist dort wie auch in der hier vorliegenden Studie der Anteil der Tiere aufgezeichnet, die eine gewisse Entfernung zu erreichen in der Lage sind, ohne daß zunächst Aussagen über das weitere Verhalten getroffen werden. Die allmähliche Abnahme des Anteils der Tiere, die noch weitere Strecken zurücklegen, ist ein Summeneffekt aus verschiedenen Parametern wie z.B. der Mortalität (Burgman et al. 1993) oder auch des Sich-Niederlassens auf einer bestimmten Fläche.

Dies bedeutet, daß die hier aufgezeigten Kolonisationswahrscheinlichkeiten geprägt sind von Tieren, die mitunter nur des Weges kommen und sich eine gewisse Zeit in der Zielfläche aufhalten. Bei einem y von 30 könnte dies z.B. bedeuten, daß bei 30 vorbeikommenden Tieren die Hälfte davon weiblich ist, wovon evtl. mehrere Eier ablegen, aber im Schnitt in etwa das Pendant zur Eizahl eines Weibchens schlüpft und die entsprechenden Stadien mit entsprechenden Verlusten soweit überleben, daß im Folgejahr Tiere als Nachkommen aus dem Vorjahr nachweisbar sind.

Ein anderer Ansatz müßte gewählt werden, sollte zum Ausdruck gebracht werden, wieviele Tiere sich in einer Fläche niederlassen müßten, um dort einen entsprechenden Kolonisierungserfolg zu erzielen. Dann müßten die Dismigrationsschätzungen für diskrete Entfernungsklassen die Menge der dort verbleibenden Tiere beschreiben. Die optische Präsentation der Ergebnisse wäre dann zwar auf den ersten Blick gravierend abweichend, würde aber denselben Sachverhalt nur auf eine andere Weise darstellen.

4.3.8 Inzidenzmodelle

Neuere Inzidenzmodelle ("occupancy models"), wie die von Hanski (1994a) und Poethke et al. (1996a) oder auch das von Akçakaya & Ginzburg (1991) haben gegenüber älteren Modellen, die alle auf Levins (1970) aufbauen, den Vorteil, daß lokale Populationen für die Simulation nicht identisch sein müssen. Die Extinktionswahrscheinlichkeit jeder Population kann auf Basis der verschiedenen jeweiligen Habitatkapazitäten und der jeweiligen Populationsdynamik sehr verschieden sein. Auf ihnen aufbauend ist es möglich, das Extinktionsrisiko für jede Kombination von Populationen zusätzlich zum Extinktionsrisiko der gesamten Metapopulation zu schätzen (Burgman et al. 1993).

Nachteile dieser Modelle bestehen darin, daß die Charakterisierung der einzelnen Habitate nur über die Kategorien „besetzt" oder „unbesetzt" erfolgt, wobei die detaillierten Ereignisse innerhalb jeder Population ignoriert werden (Burgman et al. 1993). Die wesentlichste Begrenzung all dieser Modelle besteht allerdings in der Schätzung der Parameter. Die Messung von Extinktionswahrscheinlichkeiten ist schwierig, sogar für Einzelpopulationen. Daher sind Modelle die eine Extinktionswahrscheinlichkeit als Parameter nutzen, generell in realen Fällen kaum anwendbar. Eine Möglichkeit dieses Problem zu lösen besteht darin, die Extinktionswahrscheinlichkeiten einzelner Populationen basierend auf einem Modell auf Basis von „life history"-Daten zu schätzen (Akçakaya & Ginzburg 1991, Poethke et al. 1996a).

Extinktionswahrscheinlichkeiten können prinzipiell am besten auf Basis von im Freiland beobachteten Extinktionsereignissen geschätzt werden. Hierzu sind eine große Zahl von Extinktionsbeobachtungen nötig, was von Burgman et al. (1993) als kaum praktikable Methode für die meisten seltenen und gefährdeten Arten bezeichnet wird. Diese Einschätzung ist auf Basis des Forschungsobjektes, das die Autoren speziell im Auge hatten, nämlich eine Gorilla-Art, verständlich. Für die vorliegenden Arten hingegen zeigen die Untersuchungen, daß bei allen methodischen Einschränkungen eine derartige Vorgehensweise prinzipiell möglich ist.

Wesentlich ist es, darauf hinzuweisen, daß die Schätzung von Parametern der Metapopulation auf Basis von Inzidenzmodellen einen Equilibrium- oder Gleichgewichtszustand der Kolonisations- und Extinktionsverhältnisse als Voraussetzung hat (Hanski 1994a). Diese Voraussetzungen sind bei den drei Arten im vorliegenden Zeitraum in etwa gewährleistet, zumal das hier zur Einschätzung zugrundezulegende Verhältnis von Extinktion/Kolonisation zu Anwesenheit bei erster Erfassung/Abwesenheit bei erster Erfassung für die Habitate in denen die Arten jeweils mindestens 1x festgestellt wurden in etwa bei „1" liegt (*G. nausithous* 0,7; *G. teleius* 1,8 und *L. dispar* 1,5; vgl. Tab. 4.5). Werte unter 1 zeigen hierbei eine tendenzielle Zunahme der Verbreitung (also der Anzahl belegter Quadranten) an, Werte über 1 eine Abnahme.

5 Quantifizierung von Metapopulationsparametern und naturschutzfachliche Umsetzung

5.1 Faunistik, Beurteilung der Bestandesentwicklung und Metapopulationsdynamik

5.1.1 Faunistik und Gefährdungseinstufung

Wie generell ein Großteil der deutschen Tagfalterfauna werden die drei Bläulingsarten als gefährdet betrachtet und je nach geographischem Bezugsraum in verschiedenen Kategorien der Roten Listen geführt (vgl. Tab. 4.1). Fachlicher Hintergund dieser Listen soll nach Blab & Nowak (1983) der unübersehbare Rückzug vieler Arten aus Regionen sein, in denen sie früher teilweise sogar sehr häufig auftraten. „Liegen keine Beweise für auffallende Bestands- und/oder Arealrückgänge vor, wird die Art als nicht gefährdet klassifiziert" (Blab & Nowak 1983). „Auch künftig sollen die Roten Listen den Charakter einer wissenschaftlichen Expertise behalten" (Blab & Nowak 1989). Auch die drei Bläulinge sind nach Kraus (1993) in der Pfalz im Laufe der letzten Jahrzehnte stark zurückgegangen (siehe Rote Liste Pfalz von Roesler 1980 und Rheinland-Pfalz von Bläsius et al. 1987). Ebenso geht er davon aus, daß im Bereich der Pfälzischen Rheinebene aufgrund der intensiven landwirtschaftlichen Nutzung der letzten Jahrzehnte bei den Großschmetterlingen insgesamt nur noch wenig faunistisch interessante Arten zu erwarten sind. Diese Grundeinschätzung beruht nicht zuletzt darauf, daß Landwirtschaft und Naturschutz als „geradezu klassischer Gegensatz" (Tscharntke 1995) gesehen werden. Die Landwirtschaft ist demnach am Rückgang von rund zwei Dritteln der Tagschmetterlinge (wie auch der Pflanzen) in Deutschland unmittelbar beteiligt.

Bereits basierend auf den Ergebnissen des ersten Erfassungsjahres 1989 war eine kritische Betrachtung des Kenntnisstandes bezüglich der Verbreitung und Bestandesentwicklung der drei Bläulinge veröffentlicht worden (Settele 1990b). Ein Vergleich auf Basis der Nachweise in 5-km-Quadranten zeigte bereits, daß *G. nausithous* und *L. dispar* im Jahr 1989 in mehr Quadranten nachzuweisen waren, als in der gesamten Zeit zuvor (einer Zeitspanne von mindestens 100 Jahren), während bei *G. teleius* die Anzahl in einer Generation immerhin noch knapp die Hälfte davon erreichte. Die damals diskutierten wie die jetzt vorliegenden Ergebnisse zeigen, daß die kurz skizzierte pauschale Einschätzung landwirtschaftlicher Aktivitäten zu undifferenziert ist und mitunter zu einem Negativ-Image einer gewissen Region und somit auch zu deren Vernachläßigung bei der faunistischen Bearbeitung führen kann. Neben diesem Aspekt regionaler Vernachläßigung ist vor allem zu beachten, daß generell die Faunistik, die als Basis für naturschutzrelevante Studien unentbehrlich ist, als Disziplin stark vernachläßigt wird. Die Folge sind Fehleinschätzungen bezüglich der tatsächlichen Gefährdung (bzw. im ersten Schritt des tatsächlichen Rückgangs) von Arten, die nicht verantwortbare Folgen nach sich ziehen können. Diese können nur durch entsprechend fundierte faunistische Grundlagenforschung mittelfristig vermieden werden (vgl. Settele 1990a, 1990b). Systematische Suche nach ausgewählten Arten führt praktisch immer zum Nachweis neuer Vorkommen. Dies kann auf grundsätzlich drei Grundphänomene zurückzuführen sein:

- bestimmte Gebiete sind überhaupt nur sehr selten und in geringer Intensität bearbeitet worden, so daß die Arten übersehen wurden,
- oder/und die Tiere finden sich in einer Phase der Ausdehnung ihrer geographischen Gesamtverbreitung,
- oder/und sie treten bedingt durch die bislang meist unterschätzte Dynamik (v.a. Metapopulationsdynamik) in immer wieder neuen Bereichen auf (Kolonisation neu entstandener oder wieder geeigneter bzw. erreichter früherer Habitate, wie für *G. nausithous* und *L. dispar* im Rahmen dieser Studie belegt).

Die Lückenhaftigkeit des Kenntnisstandes ist für nahezu alle Tagfalterarten Deutschlands offensichtlich (vgl. z.B. Kockelke et al. 1994, Pauler et al. 1995, Settele et al. 1995), so daß eine realistische Gefährdungseinstufung für die meisten Arten schon auf einer relativ einfachen Stufe (für differenziertere Analysen s.u.) praktisch unmöglich ist. Da sie dennoch politisch gewollt ist, kann sie nur auf der Expertise von Fachleuten aufbauen, die jedoch auch selbst häufig nur ein von einem kleinen Landschaftsausschnitt und darin bevorzugt besuchten „Lieblings"-Habitaten geprägtes, in der Regel äußerst undynamisches Bild haben, weshalb die Ergebnisse zwangsläufig mangelhaft sein müssen (zur weiteren Diskussion siehe Settele 1990b). Zahlreiche Beiträge in der nationalen wie internationalen Literatur basieren auf einer derartigen Vorgehensweise. Vorgenommene Einstufungen sind geprägt durch subjektive individuelle Einschätzungen und kaum durch fundierte Daten (siehe oben genannte Arbeiten, sowie die Mehrzahl der deutschen Roten Listen, des weiteren z.B. Heath 1981, vgl. auch Fitter & Fitter 1987, Gruttke 1996, Kudrna 1996), die wiederum dazu dienen, die Relevanz der jeweiligen Forschungsarbeiten herauszustellen (siehe Kap. 4.2.1, oder z.B. Hanski et al. 1994). Als Ausnahmen für systematischere Analysen, die leider nur die Regel bestätigen, sind z.B. van Swaay (1990) oder Warren (1993a) zu nennen. Vorgehensweisen, wie die von Kudrna (1996) vorgeschlagene, sind ebenso ungeeignet, zur Bestandesentwicklung und Gefährdung Aussagen zu treffen. Seine Analyse kann allerdings gute Ergebnisse zur Beurteilung der Seltenheit bzw. Häufigkeit von Arten liefern. Diese Kriterien sind aber von der Gefährdung klar zu trennen (vgl. z.B. Plachter 1992, 1994, Gaston 1994).

5.1.2 Beurteilung der Bestandesentwicklung bei guter Datenverfügbarkeit

Sind regional flächendeckende Angaben zur Verbreitung und deren Veränderung vorhanden, so ist eine Grundvoraussetzung für die Beurteilung der regionalen Bestandesentwicklung gegeben. Doch auch hier muß die Analyse der Ergebnisse entsprechend kritisch betrachtet werden, bevor Aussagen gemacht werden können. Optimal wären auch hierfür Angaben zu den Populationsgrößen und deren Veränderungen (vgl. Kap. 4.3.5), was flächendeckend für die meisten Invertebraten nicht vorliegt und auch kaum zu erreichen sein wird. Diese können nur vereinzelt für Fragestellungen der Grundlagenforschung bzw. stichprobenartig für konkrete Planungsvorhaben in sehr vereinfachter Form erwartet werden (vgl. Settele & Poethke 1996).

Eine etwas realistischere Variante ist die Beurteilung auf Basis der Anwesenheits-/Abwesenheitsnachweise der entsprechenden Art im Untersuchungsgebiet (zur grundsätzlichen methodischen Problematik siehe Kap. 4.3.1 und 4.3.3). Gehen wir hierfür also von der Kenntnis der überhaupt in Frage kommmenden Habitate aus (vgl. Kap. 4.3.1), sowie von einer flächendeckenden systematischen Erfassung der Anwesenheit, so kann die Dynamik zwischen den einzelnen Jahren auf Basis der prozentualen Nachweise der Besiedlung von Habitaten, wie sie in den Tab. 4.3 und 4.4 zusammengestellt sind, illustriert werden. Die relativen Verhältnisse der prozentualen Nachweise auf Basis der Quadranten, die im Rahmen der Untersuchungen mindestens einmal von der jeweiligen Art besiedelt waren (Tab. 4.4), unterscheiden sich hierbei mitunter stark von den Ergebnissen der Analyse auf Basis aller erfaßten Quadranten. Da eine rückblickende Beurteilung der Bestandesentwicklung nur unter Berücksichtigung aller wirklich geeigneten Habitate Sinn macht, sollten Vergleiche mit dieser Zielsetzung auf der Basis von Daten wie sie in Tabelle 4.4 dargestellt sind, erfolgen.

Je nach Bezugszeitraum können wir hierbei zu verschiedenen Grobeinstufungen der Bestandessituation gelangen. Für alle Arten waren hierbei die Verhältnisse 1989 relativ am günstigsten, wobei *G. nausithous* und *G. teleius* von 1991 bis 1994 eine Phase ungünstigerer Verhältnisse zu überwinden hatten und 1995 wieder relativ hohe Prozentsätze aufwiesen, während bei *L. dispar* zunehmend schlechtere Verhältnisse festzustellen waren.

Für eine fundiertere Beurteilung der regionalen Bestandesentwicklung, die zudem einen etwas längeren Zeitraum integriert, ist es nötig, Ausgangs- und Ergebnisverhältnisse bei den Erfassungen zueinander in Beziehung zu setzen. Dies läßt sich anhand der Ergebnisse in den Tab. 4.5 und 4.6 erläutern. Bei Vergleichen der Veränderungen, die sich zwischen zwei Erfassungen in verschiedenen Jahren (Tab. 4.5) wie auch bei längerfristigen Analysen (Tab. 4.6) ergeben, ist bei allen drei Arten ein positives Extinktions/Kolonisations-Verhältnis zu beobachten, d.h. es waren mehr Extinktionen als Kolonisationen feststellbar. Einfach betrachtet würde für alle drei Arten hieraus eine negative Entwicklung abzuleiten sein. Dieses Vorgehen entpräche zumindest der normalen Praxis, wobei auch hier bereits davon ausgegangen wird, daß entsprechende Bearbeiter auch in Habitaten regelmäßiger nachsehen, in denen sie die Tiere nicht beim ersten oder zweiten Mal antreffen - ansonsten wären Kolonisationsereignisse (oder zumindest neue Nachweise von zuvor dort nicht angetroffenen Arten, die dennoch anwesend gewesen sein könnten) *a priori* nicht nachweisbar.

Dieses Extinktions-/Kolonisations-Verhältnis (in Tab. 4.5 und 4.6 als „X" bezeichnet), muß aber relativ zur Ausgangsbasis bewertet werden (entspricht „Y" in den beiden Tabellen). Ist die Mehrzahl der Habitate im ersten Erfassungsjahr besiedelt, ist die Wahrscheinlichkeit, Extinktionsereignisse nachzuweisen höher als für den Nachweis von Kolonisationsereignissen. Werden also diese beiden Verhältnisse noch zueinander ins Verhältnis gesetzt, erhält man einen Wert, der die Veränderungen adäquat auszudrücken in der Lage ist. Ein Verhältnis X/Y von etwa 1 beschreibt dabei eine ausgeglichene Extinktions-/Kolonisationsdynamik und eine Konstanz des Bestandes. Werte über 1 stehen für negative Bestandesveränderungen, Werte unter 1 für positive. Wichtig ist zudem, diese Vergleiche nur auf Basis geeigneter Habitate anzustellen. Da die Abgrenzung insgesamt schwierig ist, wurden als Habitate hier nur die Bereiche (bzw. Quadranten) definiert, in denen die jeweilige Art mindestens einmal nachgewiesen wurde. Würden alle Flächen, die zunächst als potentiell für die Art geeignet empfunden wurden, herangezogen, resultierten für alle Arten negativere Einschätzungen der Bestandesentwicklungen (jeweils linke Hälfte der Werte in Tab. 4.5 und 4.6). Eine differenzierte Analyse der Bestandesentwicklungen der drei Arten im Erfassungszeitraum 1989 bis 1995 zeigt, daß bei *G. nausithous* und *L. dispar* kaum Veränderungen vorliegen, während für *G. teleius* insgesamt ein leicht negativer Trend zu verzeichnen ist. Eine Analyse über längere Zeiträume ist aufgrund der nicht vergleichbaren Datenbasis nicht möglich. Einzig der insgesamt drastische Rückgang von *G. teleius* wird aufgrund der Tatsache, daß die Art früher auch regelmäßig gemeinsam mit *G. nausithous* in großen Teilen der Pfälzischen Rheinebene angetroffen wurde, und entsprechend weiter verbreitet war, offensichtlich (vgl. Abb. 4.1).

Als allgemeine Konsequenz der hier präsentierten Ergebnisse kann gesagt werden, daß die Beurteilung der Bestandesentwicklung von Arten sehr stark von der gewählten Methodik abhängt und die Basis für eine adäquate Beurteilung in der Regel von zu statischen Betrachtungsweisen ausgeht (vgl. turnover = Anteil dynamischer Verhältnisse in Tab. 4.5 und 4.6). Vor allem die Beachtung der Kolonisation neuer Bereiche muß in eine entsprechende Analyse mit einfließen. Erst wenn die Ausgangsverhältnisse einer spezifischen systematischen Erfassung (wobei es an solchen schon grundsätzlich mangelt!) in Beziehung gesetzt werden zu den beobachteten Phänomenen (war überhaupt die Chance gegeben eine Kolonisation zu beobachten bzw. einen Nachweis in einem neuen Bereich zu machen?), gelangen wir zu einer differenzierten Beurteilung der Bestandesentwicklung.

5.1.3 Bestandesveränderung, Equilibrium und Metapopulation

Eine Analyse von Metapopulationsparametern auf der Basis von Inzidenzmodellen hat Equilibrium-Bedingungen zur Grundvoraussetzung (Hanski 1994a). Diese Voraussetzungen sind bei den drei Arten im vorliegenden Gesamtzeitraum in etwa gewährleistet (vgl. Kap. 4.3.8). Dennoch variieren die Verhältnisse von Jahr zu Jahr sehr (vgl. Tab. 4.4), so daß dieses Equilibrium sehr stark von dem in Betracht zu ziehenden Zeitraum abhängt. Phasen relativ stabiler Extinktions- und Kolonisationsverhältnisse dürften bei entsprechender Wahl des Analysezeitraumes immer in irgendeiner Form gegeben oder zumindest kombinierbar sein. Nur wenn Datensätze aus wenigen Jahren vorliegen, in denen auch noch ein eindeutiger Trend der Populationsentwicklung vorliegt, dürften hieraus Probleme resultieren. Somit dürften diese Modelle auch bei Arten, bei denen nur ein allmählicher Rückgang zu verzeichnen ist, problemlos einsetzbar sein.

Die Nicht-Verwendbarkeit bei gefährdeten Arten basiert auf modelltheoretischen Erwägungen und zudem auf dem Hintergrund der Annahme einer Gefährdung von pauschal den meisten im Naturschutz als relevant betrachteten Arten. Equilibrium-Bedingungen bei kurzfristigeren Zeithorizonten dürften bei deren großer Mehrzahl vorliegen, da die Gefährdung vieler dieser Arten meist sich nur in einer allmählichen Veränderung der Populationskonstellationen über lange Zeiträume geäußert hat (sofern sie überhaupt so systematisch analysiert wurden, daß zumindest eine derartige Aussage möglich ist, vgl. vorhergehendes Kap.) oder sogar nur darin besteht, daß sie als vermeintlich gefährdet eingestuft werden, wenngleich keine dies unterstützenden Daten vorliegen (z.B. bei einer großen Zahl von Arten, die als keine dies unterstützenden Daten vorliegen (z.B. bei einer großen Zahl von Arten, die als potentiell gefährdet betrachtet werden und häufig in den Roten Listen auf 4 oder z.T. auch 2 eingestuft sind, bei denen aber bislang kein Rückgang festzustellen war, sondern die potentielle Gefährdung nur über deren Seltenheit abzuleiten war). Auf alle Fälle sind die Zeiträume in denen jenseits der normalen Populationsschwankungen Bestandeseinbußen festzustellen sind i.d.R. so langfristig, daß sie die Verwendung von Inzidenzmodellen für die Analyse von Metapopulationsparametern nicht gravierend beeinträchtigen dürften.

5.2   Habitatverbundplanung und Beurteilung der Auswirkungen von Landschaftseingriffen

5.2.1 Metapopulationskonzept und Naturschutztheorie

Die Metapopulationstheorie fand in der zweiten Hälfte der 1980er Jahre Eingang in die Naturschutztheorie (Soulé 1987) und bildet die theoretische Grundlage von Biotopverbundsystemen (eigentlich Habitatverbundsysteme, siehe Settele et al. 1996a) und Korridoren (Saunders & Hobbs 1991, kritische Diskussion in Dawson 1994), wenn diese als Maßnahme zur Verringerung des Aussterberisikos von Arten durchgeführt werden (zumal sie nur in diesem Zusammenhang als Naturschutzstrategie sinnvoll sind, vgl. Henle & Rimpp 1993). Das Ziel besteht in einer Sicherung des Individuenaustausches zwischen bzw. der Neugründung erloschener oder auch noch nie zuvor existenter Teilpopulationen, also in einer Verbindung von (Teil-)Populationen unter Modifikation der räumlichen Anordnung der Habitate der betreffenden Art, so daß diese gegenseitig erreichbar sind bzw. werden (Settele et al. 1996a).

Wichtige naturschutzrelevante Entwicklungen der Metapopulationstheorie werden ausführlich von Frank et al. (1994), Henle (1994), Reich & Grimm (1996) und Poethke et al. (1996a, 1996b) diskutiert. Aus den derzeitigen Erkenntnissen kann sicher abgeleitet werden, daß dem Habitatverbund speziell als Vorbeugestrategie (z.B. für lokale Katastrophenfälle) größere Bedeutung zukommt, insbesondere dadurch, daß scheinbar sichere Metapopulationen durch das Entfernen nur weniger einzelner Teilpopulationen rasch aussterben können (vgl. Moilanen & Hanski 1995, Sarre et al. 1995, 1996, Poethke et al. 1996a). Sind nur noch wenige (Teil-)Populationen vorhanden und unmittelbar vom Aussterben bedroht, so kann eine Verbundmaßnahme hingegen das Erlöschen beschleunigen (Frank et al. 1994; Frank & Berger 1996). Dies ist vor allem dann der Fall, wenn die benachbarten Habitate für die entsprechenden Tierpopulationen wahrnehmbar sind und als attraktive Senken wirken. Sind nur die Verhältnisse im Habitat der jeweiligen Subpopulation für die Auslösung der Dismigration wesentlich (und das dürfte bei fast allen Organismen der wichtigste bzw. einzige Faktor sein), dürfte dieser Effekt allerdings nicht relevant sein (Settele et al. 1996a). Lediglich wenn die Tiere nach Verlassen des Ausgangshabitates kein weiteres Habitat vorfinden können, besteht ggf. eine gewisse Chance in das Ausgangshabitat zurückzukehren. Doch wenn die Verhältnisse, die Anlaß zum Verlassen gaben, weiterhin vorherrschen, ist dadurch nichts gewonnen.

5.2.2 Grundprinzipien der Umsetzung von Metapopulationskonzeptionen in Landschaftsplanung und Naturschutz

Vor Durchführung von Habitatverbundmaßnahmen muß klar formuliert werden, welche Art(en) davon profitieren soll(en). Für diese ist dann zunächst zu klären, inwieweit ein Habitatverbundsystem die Überlebenschance stärker erhöht als eine qualitative Verbesserung oder eine Vergrößerung des bestehenden Habitates und welche Chancen für die Verwirklichung der alternativen Maßnahmen bestehen (siehe Beispiel Mauereidechse in Settele et al. 1996a; vgl. nachfolgendes Kap.). Fällt die Entscheidung zugunsten eines Habitatverbundes, empfiehlt es sich dennoch, die verbliebenen Restpopulationen zuerst durch einfache Maßnahmen zur qualitativen Verbesserungen ihres Habitates zu stabilisieren. Neue Flächen müssen in den Verbund schrittweise eingefügt werden, wobei sie qualitativ so gut sein müssen, daß eine hohe anfängliche Wachstumsrate erzielt werden kann.

Die Migrationsraten zwischen den Teilpopulationen dürfen nicht zu hoch (Erhöhung der Extinktionswahrscheinlichkeit der „Quell"-Population), aber auch nicht zu niedrig liegen (geringe Kolonisations- bzw. Austauschwahrscheinlichkeit; vgl. Poethke et al. 1996a), wobei insbesondere die Mortalität während der Migration möglichst gering gehalten werden muß. Quantifizierungen dieser Faktoren können nur art- (und landschafts-) spezifisch erfolgen und liegen bislang nur für wenige Arten vor (z.B. Hanski & C.D.Thomas 1994, Hanski et al. 1995b, Poethke et al. 1996a). Einige Konkretisierungen dieser Überlegungen sollen am Beispiel der drei im Rahmen dieser Studie untersuchten Arten auf Basis der Verhältnisse in der Pfälzischen Rheinebene im nächsten Kapitel erfolgen.

Liegen umfangreichere Analysen und Simulationen für die Anwendung von Metapopulationskonzepten nicht vor, so können, wie in Settele et al. (1996a) illustriert, einfache Geländeanalysen, lediglich basierend auf einfachen Mobilitäts-Modell-Vorstellungen als erste Näherung ausreichen, um konkrete Handlungsempfehlungen für den Naturschutz abzuleiten, vor allem in bezug auf Prioritätensetzung bezüglich der Erhaltung von Populationen. Eine Maßnahme sollte vor allem Rücksicht nehmen auf größere zusammenhängende Populationen, zumal Metapopulationen mit höchster Wahrscheinlichkeit am schnellsten dann aussterben, wenn die größten Patches mit den geringsten lokalen Extinktionswahrscheinlichkeiten entfernt werden (Moilanen & Hanski 1995). Zudem erhalten große Populationen (als Quell-Populationen) das Wiederbesiedlungspotential im Gebiet aufrecht, während Einzelvorkommen von vergleichsweise geringerer Bedeutung sein können. Neben der Größe der (Teil-)Populationen ist als weiteres Kriterium aber noch deren Verbundfunktion (Trittsteinfunktion) zwischen größeren Populationen zu berücksichtigen - speziell im Fall gelegentlich auftretender erhöhter Mobilität der Tiere.

Mit den in Settele et al. (1996a) vorgelegten, relativ einfachen Kartendarstellungen lassen sich die beiden Grundfunktionen der Umsetzung von Metapopulationskonzepten „Kontinuum und Größe einer Subpopulation" sowie „Funktion als Trittstein" unter Annahme verschiedener Mobilitäten relativ plastisch darstellen und daher auch leicht anwenden, zumal es hiermit möglich ist, die Grundkonzeption und deren Umsetzung für Planungsverantwortliche nachvollziehbar darzustellen. Voraussetzung hierfür sind allerdings verfügbare Ergebnisse systematischer Studien an den entsprechenden Arten (vgl. Kap. 5.1).

5.2.3 Umsetzung der Quantifizierungen von Metapopulationsparametern in der Habitatverbundplanung, der Eingriffsbeurteilung und der Planung von Ausgleichsmaßnahmen

Die Umsetzung der Metapopulationskonzepte kann vor allem in Form von direkten Artenschutzprogrammen (gezielte Habitatverbundmaßnahmen), bei der Beurteilung von Eingriffen und der Planung von Ausgleichsmaßnahmen erfolgen. In der öffentlichen und auch fachlichen Diskussion stehen im Zusammenhang mit der Anwendbarkeit des Metapopulationskonzeptes vor allem mit negativen Vorzeichen besetzte Aspekte im Vordergrund. Dies schlägt sich im deutschen Sprachgebrauch z.B. in dem Begriff der Populations-Gefährdungs-Analyse nieder, während im Englischen hier häufiger von der "population viability analysis" (z.B. Foose et al. 1995, Caughley & Gunn 1996) anstatt der "population vulnerability analysis" die Rede ist.

Meist werden die Auswirkungen des Verlustes einer Teilpopulation oder der stärkeren Isolation zweier Teilpopulationen diskutiert (vgl. Poethke et al. 1996a). Dies könnte prinzipiell auch auf Basis der hier vorliegenden Resultate durchgeführt werden, indem auf Basis der quantifizierten Parameter die nach Veränderung der Gesamtkonstellation für die Population, bzw. den Quadranten resultierende Veränderung der Kolonisations- wie der Extinktionswahrscheinlichkeit und somit der prognostizierten Inzidenz analysiert werden (siehe nächstes Kapitel).

Ebenso kann aber auch über die Quantifizierung von Metapopulationsparametern herausgearbeitet werden, wie beispielsweise die Wahrscheinlichkeiten sind, daß ein durch menschliche Aktivität neu entstehendes Habitat (z.B eine halbtrockenrasenartige Struktur entlang einer neuen Starßenböschung oder eine neu geschaffene Steilwand durch die Erschließung einer Kiesgrube) von entsprechenden Arten kolonisiert wird. Dieselbe Fragestellung wäre evtl. für Ausgleichsmaßnahmen interessant. So könnte z.B. abgeschätzt werden, wie lange es nach der Neuschaffung eines entsprechenden Habitates dauern würde, bis dieses von der entsprechenden Art besiedelt würde. Bei kurzfristig leicht zu schaffenden Habitaten (wie zumindest bei den beiden hier analysierten, relativ mobilen Bläulingen *G. nausithous* und *L. dispar*) könnte evtl. sogar die Beeinflußung der von einer Baumaßnahme betroffenen Fläche so lange verzögert werden, bis von ihr aus eine realistische Chance der Besiedlung des neu geschaffenen Habitates besteht. Somit kann auf dieses Modell im Bereich des "ecological engineering" zurückgegriffen werden, um die Erfogsaussichten entsprechender Planungen abzuschätzen (vgl. Morris et al. 1994).

Nicht zu übersehen sind für diese Vorgehensweise aber die Schwierigkeiten, die entsprechend realitätsnahen Parameterkonstellationen auszuwählen. Wie aus den verschiedenen Simulationsvarianten in Abb. 4.6 bis 4.8 ersichtlich wird, ist die Abweichung der prognostizierten von der beobachteten Inzidenz bei mehreren Faktorenkombinationen ähnlich niedrig. Wie Hanski et al. (1994) schreiben, kommt es bei einer großen Zahl von Parametern durchaus vor, daß mehrere verschiedene Kombinationen zu Vorhersagen führen, die die beobachteten Bedingungen in annähernd gleich guter Weise widerspiegeln. Daher ist es unerläßlich mittelfristig zumindest zu den im Freiland erfaßbaren Parametern genauere Quantifizierungen zu erhalten. Denkbar wäre dies bei den vorliegenden (und wohl auch für viele weitere) Arten vor allem für die Populationsgrößen- (vgl. Kap. 4.3.5), Mobilitäts- (vgl. Kap. 4.3.6) und Kapazitätsschätzungen (vgl. Kap. 4.3.3).

Um die Auswirkungen der Verwendung der verschiedenen Parameterkombinationen zu demonstrieren, wurden in den Abbildungen 5.1 bis 5.6 jeweils 2 Parameterkombinationen (Teile a und b jeweils die optimalen Werte bei qualitativer bzw. quantitativer Betrachtung; Teile c und d jeweils noch hinreichend gute Annäherungen bei qualitativer bzw. quantitativer Betrachtung) zur graphischen Darstellung der Kolonisationswahrscheinlichkeit verwendet. Für die drei Arten wurden hierbei die Verhältnisse, wie sie sich extrapoliert auf einen Zeitraum von 5 bzw. 25 Jahren ergeben würden, dargestellt (woraus dann 8 Beispiele pro Art resultieren). Es zeigt sich hierbei, daß trotz der noch nicht optimalen Datenbasis bereits die zu erwartenden Verhältnisse in für die Planung durchaus brauchbaren Größenordnungen einzugrenzen bzw. abschätzbar sind.

Die Verhältnisse bei qualitativen Ausgangsdaten zeigen hierbei für *G. nausithous* und *L. dispar* ein im Vergleich zu den entsprechenden quantitativen Konstellationen geringer differenziertes Bild, was auf die angenommenen homogene Populationsgrößenverteilung im Gesamtgebiet zurückzuführen ist. Liegen differenzierendere Daten zugrunde, sind auch die Simulationsergebnisse wesentlich diskriminierender. Bei *G. teleius* tritt dieser Effekt nicht zutage, da dort viele Parameterkonstellationen die vorgefundenen Verhältnisse ähnlich gut beschreiben. Bei der längerfristigen Betrachtung führt dies zu sehr unterschiedlichen Kolonisationsverhältnissen. Diese Streuung ließe sich bei Simulation der Parameterkonstellationen nur auf Basis des im Wesentlichen von der Art besiedelten Gebietes eindämmen. Bei der hier gewählten Vorgehensweise schlagen sich die zahlreichen nicht besetzten potentiellen Habitate, die über 90% der hier analysierten Bereiche ausmachen, derart auf das Ergebnis nieder, daß durch verschiedenste Parameterquantifizierungen die vielen Bereiche der Populationsgröße „0" gut beschrieben werden können und somit die Abweichungen der prognostizierten von der beobachteten Inzidenz immer sehr niedrig ausfallen (vgl. Abb. 4.7). Werden nur die realitätsnäheren Simulationen auf Basis der quantitativen Angaben betrachtet, zeigt sich, daß bei *G. nausithous* und *G. teleius* die jeweiligen Verhältnisse bei optimalen und „guten" Werten nicht gravierend unterscheiden. Hingegen ist die Streuung bei *L. dispar* noch relativ groß, da bei dieser Art stets nur Einzeltiere zu beobachten waren, in z.T. relativ großen räumlichen Abständen voneinander. Daher wirkt sich hier besonders die unterschiedliche Mobilität aus, zumal große Zahlen von Emigranten nur hierdurch und nicht durch vereinzelt hohe Populationsdichten (im Ggs. zu den anderen beiden Arten) zustandekommen können. Hierin liegt auch ein Grund für die relativ geringen Unterschiede zwischen qualitativen und quantitativen Verhältnissen bei *L. dispar*. Zudem konnten bei qualitativer Betrachtungsweise auch die Nachweise von Eiern mit hinzugezogen werden, während dies aus Gründen der vergleichbaren Datenqualität bei den quantitativen Angaben nicht möglich war. Diese Eiablagelokalitäten sind z.T. dafür verantwortlich, daß bei qualitativer Betrachtungsweise bei *L. dispar* ein größeres Kontinuum der Kolonisationswahrscheinlichkeiten feststellbar ist.

Bis bessere Daten vorliegen, sollte im Zusammenhang mit der Anwendung dieser Ergebnisse im Naturschutzkontext mit einer gewissen Vorsicht vorgegangen werden und daher zunächst jeweils von der konservativsten (also für die entsprechende Art sichersten) Variante ausgegangen werden (vgl. Poethke et al. 1996a, Settele et al. 1996a).

Abb. 5.1a: Wahrscheinlichkeit der Kolonisation (Cj) von 500 x 500 m-Quadranten durch
Glaucopsyche nausithous in der Pfälzischen Rheinebene in einem Zeitraum von 5 Jahren
qualitativ (= identische Populationsgröße aller Quadranten); $m' = 0{,}1$; $y = 40$

☐ = alle nachgewiesenen Vorkommen von 1989-1995 (Verteilung wie in Abb. 4.2)

■ = Kolonisationswahrscheinlichkeit (Cj): 90 - 100 %   ▨ = Kolonisationswahrscheinlichkeit (Cj): 30 - 59 %

▧ = Kolonisationswahrscheinlichkeit (Cj): 60 - 89 %   ☐ = Kolonisationswahrscheinlichkeit (Cj): 0 - 29 %

m' = (Dis-)Migrationsparameter (siehe Gl. 3.5) y = Kolonisations-/Etablierungsparameter (siehe Gl. 3.12)

Abb. xx: Wahrscheinlichkeit der Kolonisation (Cj) von 500 x 500 m-Quadranten durch *Gattung art* in der Pfälzischen Rheinebene in einem Zeitraum von x Jahren

qualitativ oder quantitativ; $\qquad m' = x; \quad y = x$

■ = alle nachgewiesenen Vorkommen von 1989-1995 (Verteilung wie in Abb. 4.2)

▨ = Kolonisationswahrscheinlichkeit (Cj): 90 - 100 %   ▨ = Kolonisationswahrscheinlichkeit (Cj): 30 - 59 %

▨ = Kolonisationswahrscheinlichkeit (Cj): 60 - 89 %   ☐ = Kolonisationswahrscheinlichkeit (Cj): 0 - 29 %

m' = (Dis-)Migrationsparameter (siehe Gl. 3.5) y = Kolonisations-/Etablierungsparameter (siehe Gl. 3.12)

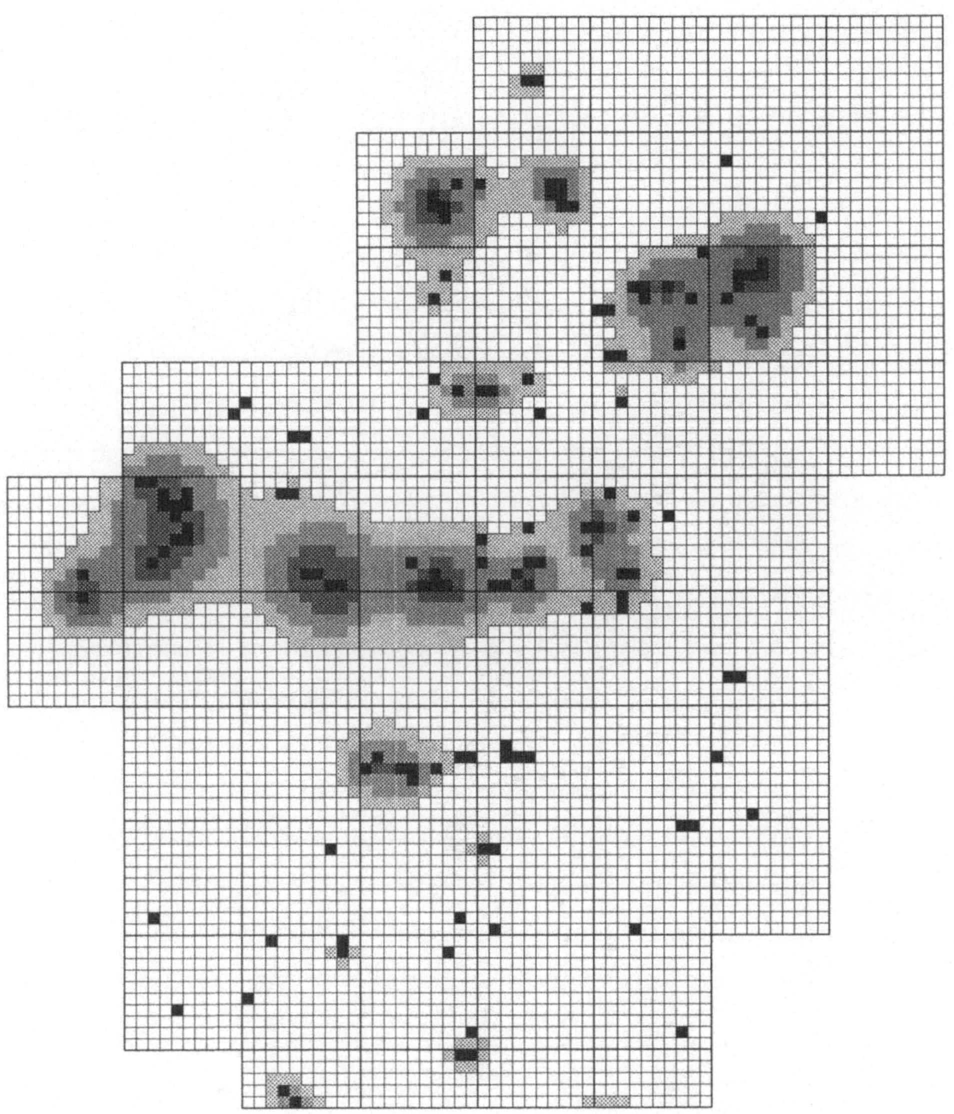

Abb. 5.1b: Wahrscheinlichkeit der Kolonisation (Cj) von 500 x 500 m-Quadranten durch *Glaucopsyche nausithous* in der Pfälzischen Rheinebene in einem Zeitraum von 5 Jahren

quantitativ (= quadrantenspezifische Populationsgröße); $m' = 0{,}5$; $y = 40$

☐ = alle nachgewiesenen Vorkommen von 1989-1995 (Verteilung wie in Abb. 4.2)

■ = Kolonisationswahrscheinlichkeit (Cj): 90 - 100 %   ▨ = Kolonisationswahrscheinlichkeit (Cj): 30 - 59 %

▨ = Kolonisationswahrscheinlichkeit (Cj): 60 - 89 %   ☐ = Kolonisationswahrscheinlichkeit (Cj): 0 - 29 %

m' = (Dis-)Migrationsparameter (siehe Gl. 3.5) y = Kolonisations-/Etablierungsparameter (siehe Gl. 3.12)

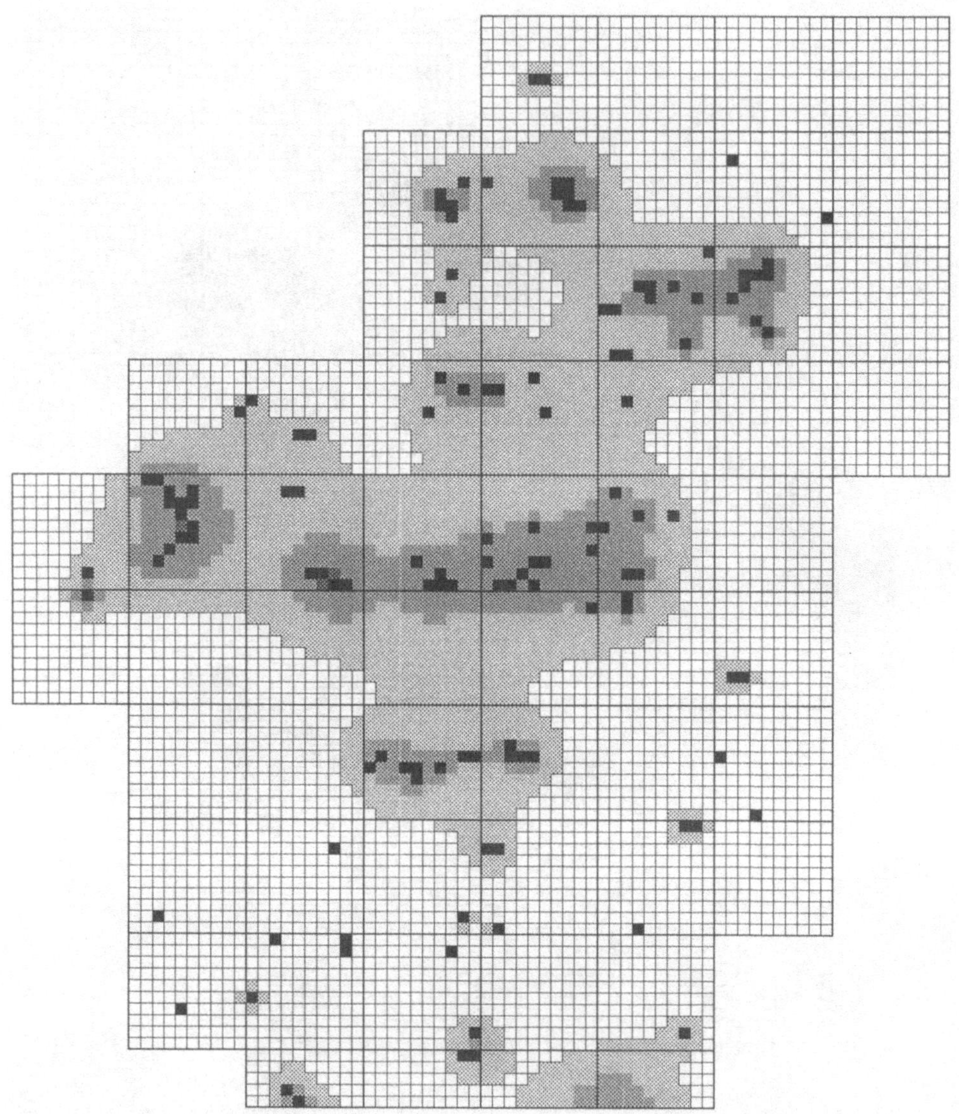

Abb. 5.1c: Wahrscheinlichkeit der Kolonisation (Cj) von 500 x 500 m-Quadranten durch *Glaucopsyche nausithous* in der Pfälzischen Rheinebene in einem Zeitraum von 5 Jahren qualitativ (= identische Populationsgröße aller Quadranten); $m' = 0{,}2$; $y = 15$

☐ = alle nachgewiesenen Vorkommen von 1989-1995 (Verteilung wie in Abb. 4.2)

■ = Kolonisationswahrscheinlichkeit (Cj): 90 - 100 %   ▨ = Kolonisationswahrscheinlichkeit (Cj): 30 - 59 %

▨ = Kolonisationswahrscheinlichkeit (Cj): 60 - 89 %   ☐ = Kolonisationswahrscheinlichkeit (Cj): 0 - 29 %

m' = (Dis-)Migrationsparameter (siehe Gl. 3.5) y = Kolonisations-/Etablierungsparameter (siehe Gl. 3.12)

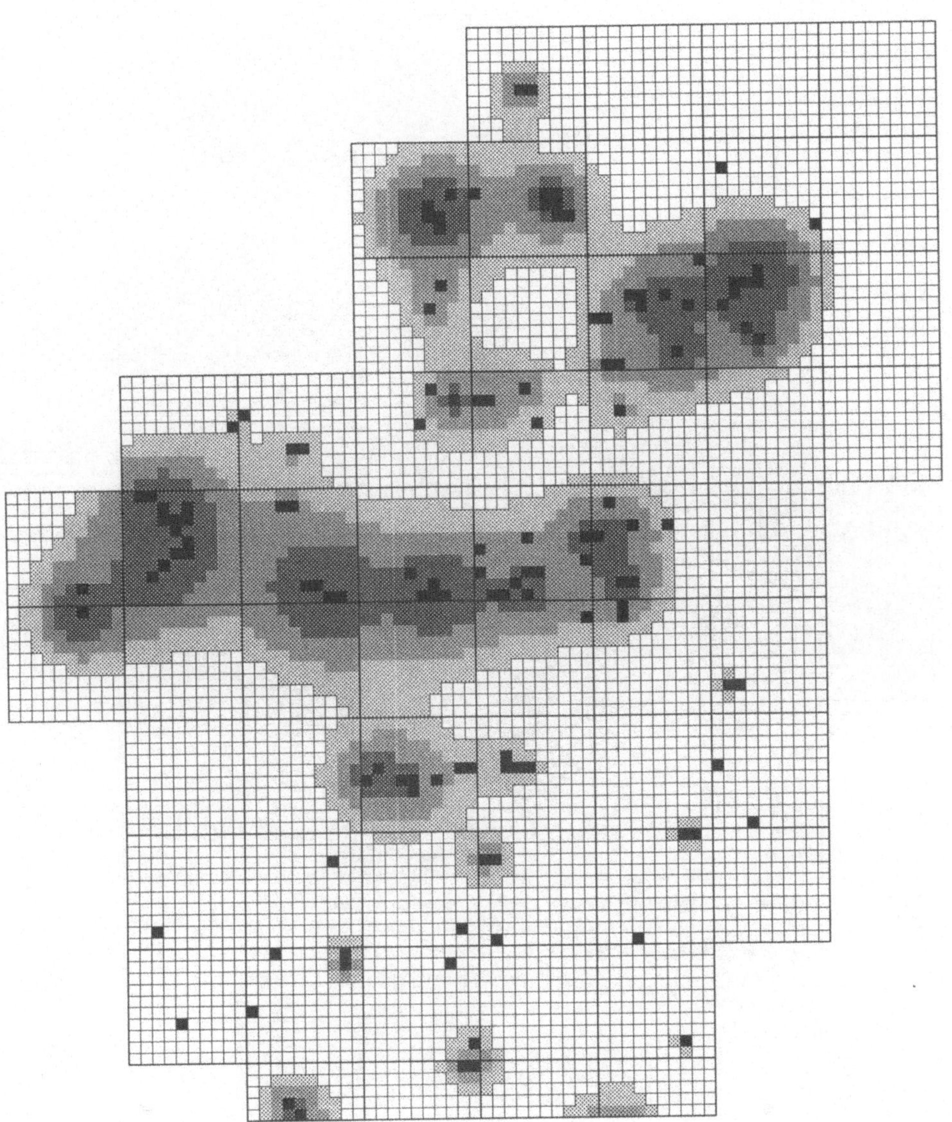

Abb. 5.1d: Wahrscheinlichkeit der Kolonisation (Cj) von 500 x 500 m-Quadranten durch *Glaucopsyche nausithous* in der Pfälzischen Rheinebene in einem Zeitraum von 5 Jahren

quantitativ (= quadrantenspezifische Populationsgröße); $m' = 0,5$; $y = 20$

m' = (Dis-)Migrationsparameter (siehe Gl. 3.5) y = Kolonisations-/Etablierungsparameter (siehe Gl. 3.12)

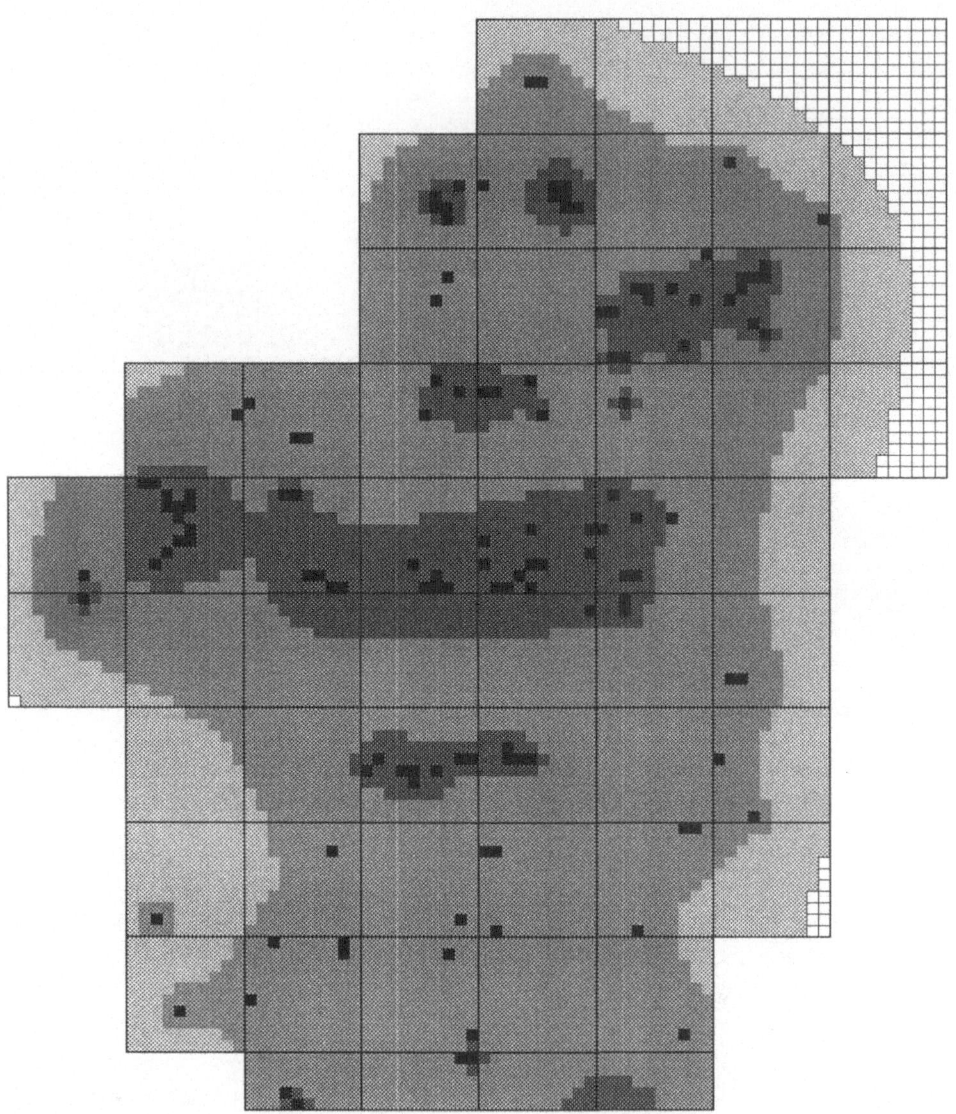

Abb. 5.2a: Wahrscheinlichkeit der Kolonisation (Cj) von 500 x 500 m-Quadranten durch *Glaucopsyche nausithous* in der Pfälzischen Rheinebene in einem Zeitraum von 25 Jahren

qualitativ (= identische Populationsgröße aller Quadranten); $m' = 0,1$; $y = 40$

☐ = alle nachgewiesenen Vorkommen von 1989-1995 (Verteilung wie in Abb. 4.2)

■ = Kolonisationswahrscheinlichkeit (Cj): 90 - 100 %   ▨ = Kolonisationswahrscheinlichkeit (Cj): 30 - 59 %

▨ = Kolonisationswahrscheinlichkeit (Cj): 60 - 89 %   ☐ = Kolonisationswahrscheinlichkeit (Cj): 0 - 29 %

m' = (Dis-)Migrationsparameter (siehe Gl. 3.5) y = Kolonisations-/Etablierungsparameter (siehe Gl. 3.12)

Abb. 5.2b: Wahrscheinlichkeit der Kolonisation (Cj) von 500 x 500 m-Quadranten durch *Glaucopsyche nausithous* in der Pfälzischen Rheinebene in einem Zeitraum von 25 Jahren quantitativ (= quadrantenspezifische Populationsgröße); $m' = 0,5$; $y = 40$

☐ = alle nachgewiesenen Vorkommen von 1989-1995 (Verteilung wie in Abb. 4.2)

■ = Kolonisationswahrscheinlichkeit (Cj): 90 - 100 %   ▨ = Kolonisationswahrscheinlichkeit (Cj): 30 - 59 %

▦ = Kolonisationswahrscheinlichkeit (Cj): 60 - 89 %   ☐ = Kolonisationswahrscheinlichkeit (Cj): 0 - 29 %

m' = (Dis-)Migrationsparameter (siehe Gl. 3.5) y = Kolonisations-/Etablierungsparameter (siehe Gl. 3.12)

Abb. 5.2c: Wahrscheinlichkeit der Kolonisation (Cj) von 500 x 500 m-Quadranten durch *Glaucopsyche nausithous* in der Pfälzischen Rheinebene in einem Zeitraum von 25 Jahren qualitativ (= identische Populationsgröße aller Quadranten); $m' = 0{,}2$; $y = 15$

☐ = alle nachgewiesenen Vorkommen von 1989-1995 (Verteilung wie in Abb. 4.2)

■ = Kolonisationswahrscheinlichkeit (Cj): 90 - 100 %   ▨ = Kolonisationswahrscheinlichkeit (Cj): 30 - 59 %

▨ = Kolonisationswahrscheinlichkeit (Cj): 60 - 89 %   ☐ = Kolonisationswahrscheinlichkeit (Cj): 0 - 29 %

m' = (Dis-)Migrationsparameter (siehe Gl. 3.5) y = Kolonisations-/Etablierungsparameter (siehe Gl. 3.12)

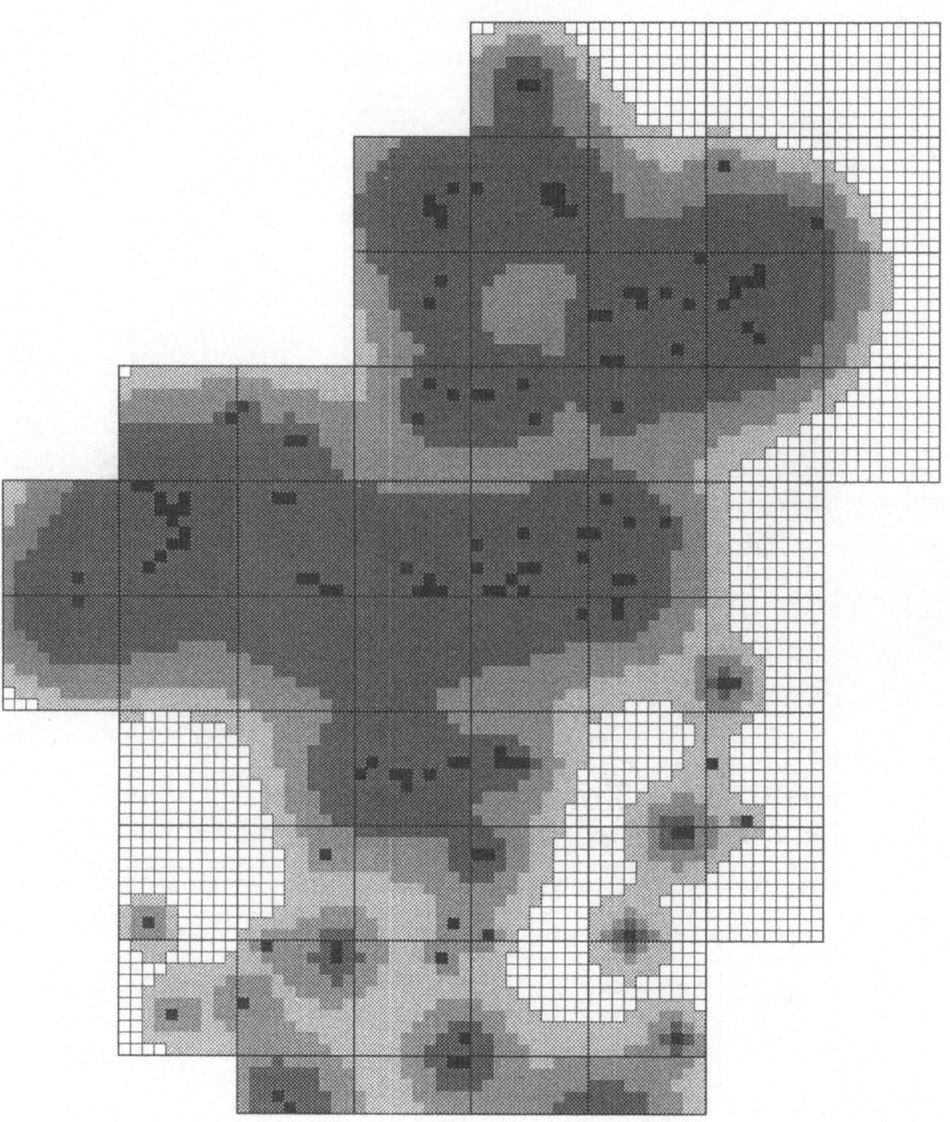

Abb. 5.2d: Wahrscheinlichkeit der Kolonisation (Cj) von 500 x 500 m-Quadranten durch *Glaucopsyche nausithous* in der Pfälzischen Rheinebene in einem Zeitraum von 25 Jahren quantitativ (= quadrantenspezifische Populationsgröße); $m' = 0{,}5$; $y = 20$

▯ = alle nachgewiesenen Vorkommen von 1989-1995 (Verteilung wie in Abb. 4.2)

■ = Kolonisationswahrscheinlichkeit (Cj): 90 - 100 %   ▨ = Kolonisationswahrscheinlichkeit (Cj): 30 - 59 %

▨ = Kolonisationswahrscheinlichkeit (Cj): 60 - 89 %   ▯ = Kolonisationswahrscheinlichkeit (Cj): 0 - 29 %

m' = (Dis-)Migrationsparameter (siehe Gl. 3.5) y = Kolonisations-/Etablierungsparameter (siehe Gl. 3.12)

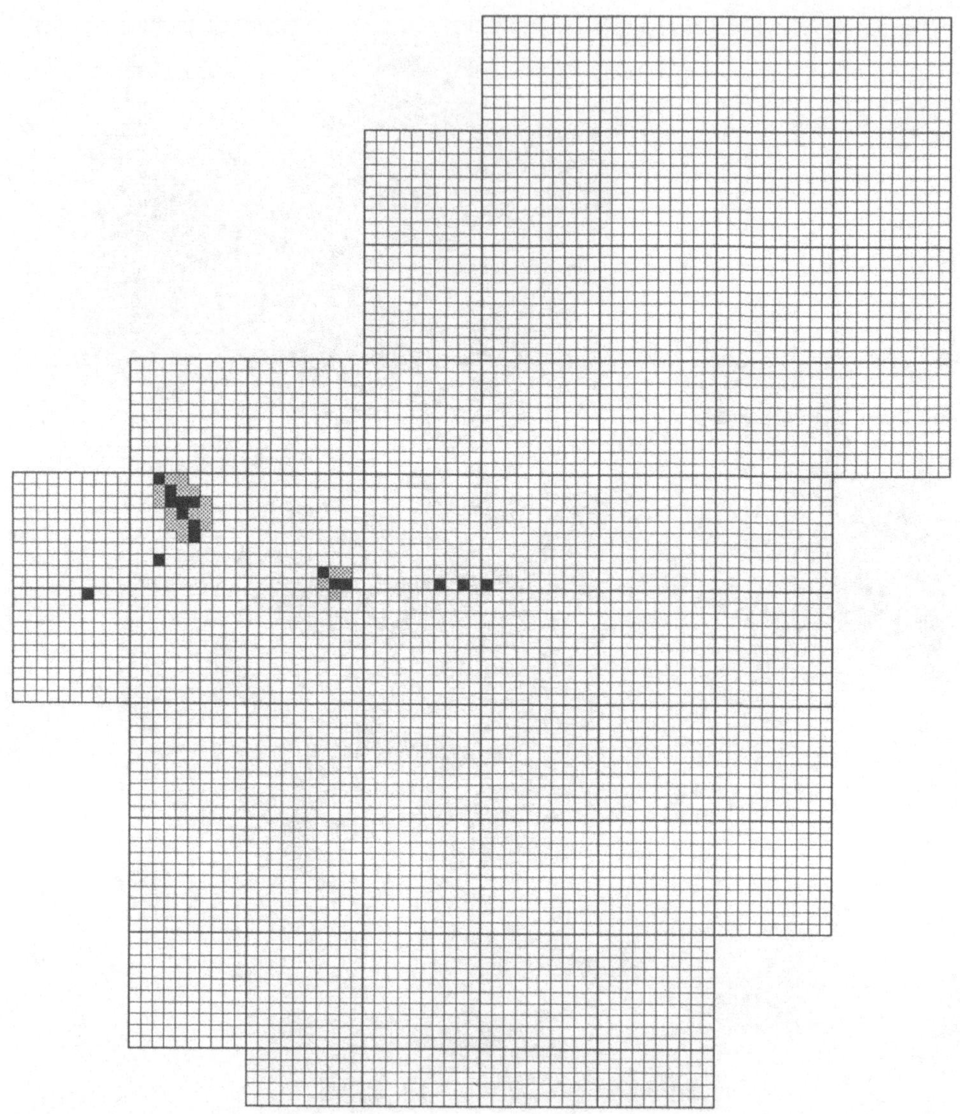

Abb. 5.3a: Wahrscheinlichkeit der Kolonisation (Cj) von 500 x 500 m-Quadranten durch *Glaucopsyche teleius* in der Pfälzischen Rheinebene in einem Zeitraum von 5 Jahren

qualitativ (= identische Populationsgröße aller Quadranten);　$m' = 0{,}1$;　$y = 40$

☐ = alle nachgewiesenen Vorkommen von 1989-1995 (Verteilung wie in Abb. 4.2)

▇ = Kolonisationswahrscheinlichkeit (Cj): 90 - 100 %　　　▉ = Kolonisationswahrscheinlichkeit (Cj): 60 - 89 %

▓ = Kolonisationswahrscheinlichkeit (Cj): 60 - 89 %　　　░ = Kolonisationswahrscheinlichkeit (Cj): 30 - 59 %

m' = (Dis-)Migrationsparameter (siehe Gl. 3.5)　　　　　　y = Kolonisations-/Etablierungsparameter (siehe Gl. 3.12)

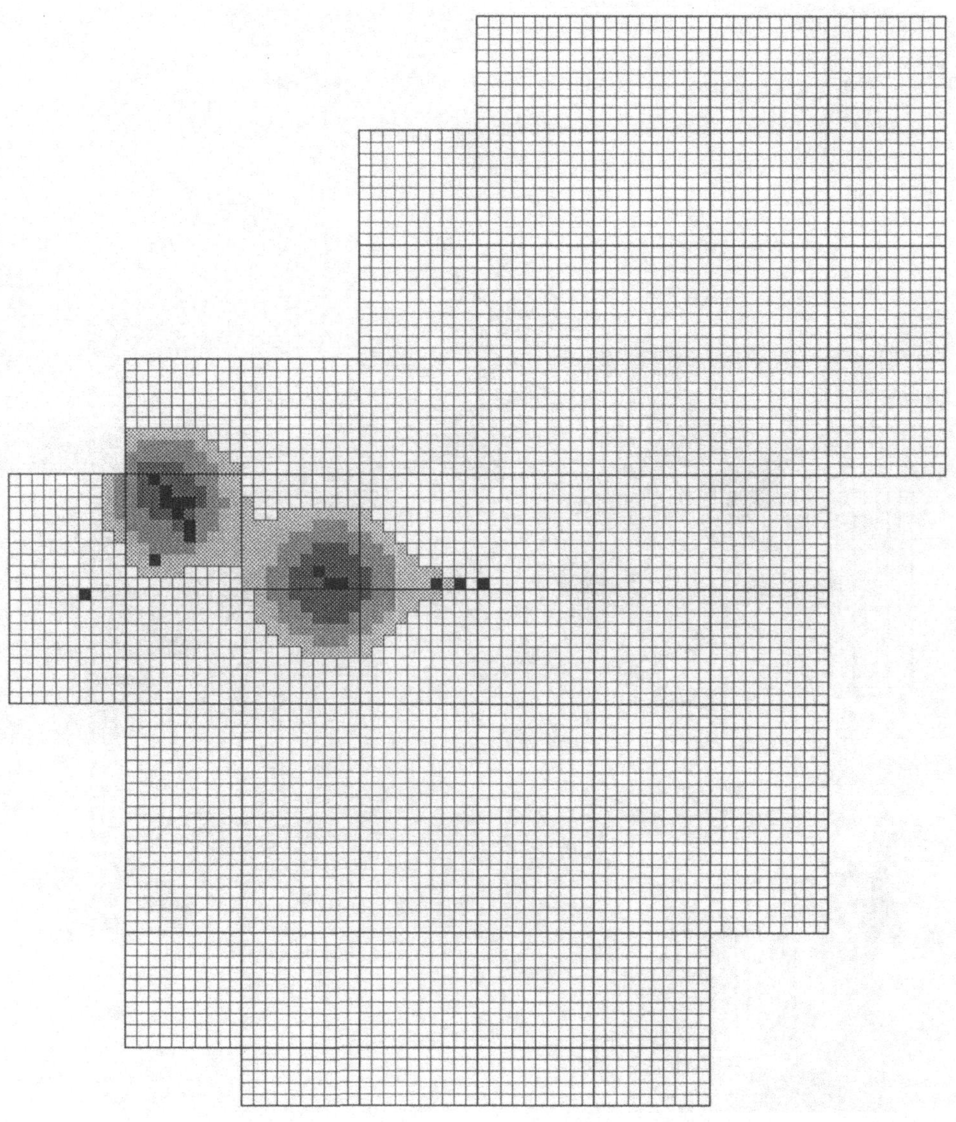

Abb. 5.3b: Wahrscheinlichkeit der Kolonisation (Cj) von 500 x 500 m-Quadranten durch *Glaucopsyche teleius* in der Pfälzischen Rheinebene in einem Zeitraum von 5 Jahren

quantitativ (= quadrantenspezifische Populationsgröße); $m' = 0,5$; $y = 30$

- = alle nachgewiesenen Vorkommen von 1989-1995 (Verteilung wie in Abb. 4.2)
- = Kolonisationswahrscheinlichkeit (Cj): 90 - 100 %
- = Kolonisationswahrscheinlichkeit (Cj): 30 - 59 %
- = Kolonisationswahrscheinlichkeit (Cj): 60 - 89 %
- = Kolonisationswahrscheinlichkeit (Cj): 0 - 29 %

m' = (Dis-)Migrationsparameter (siehe Gl. 3.5) y = Kolonisations-/Etablierungsparameter (siehe Gl. 3.12)

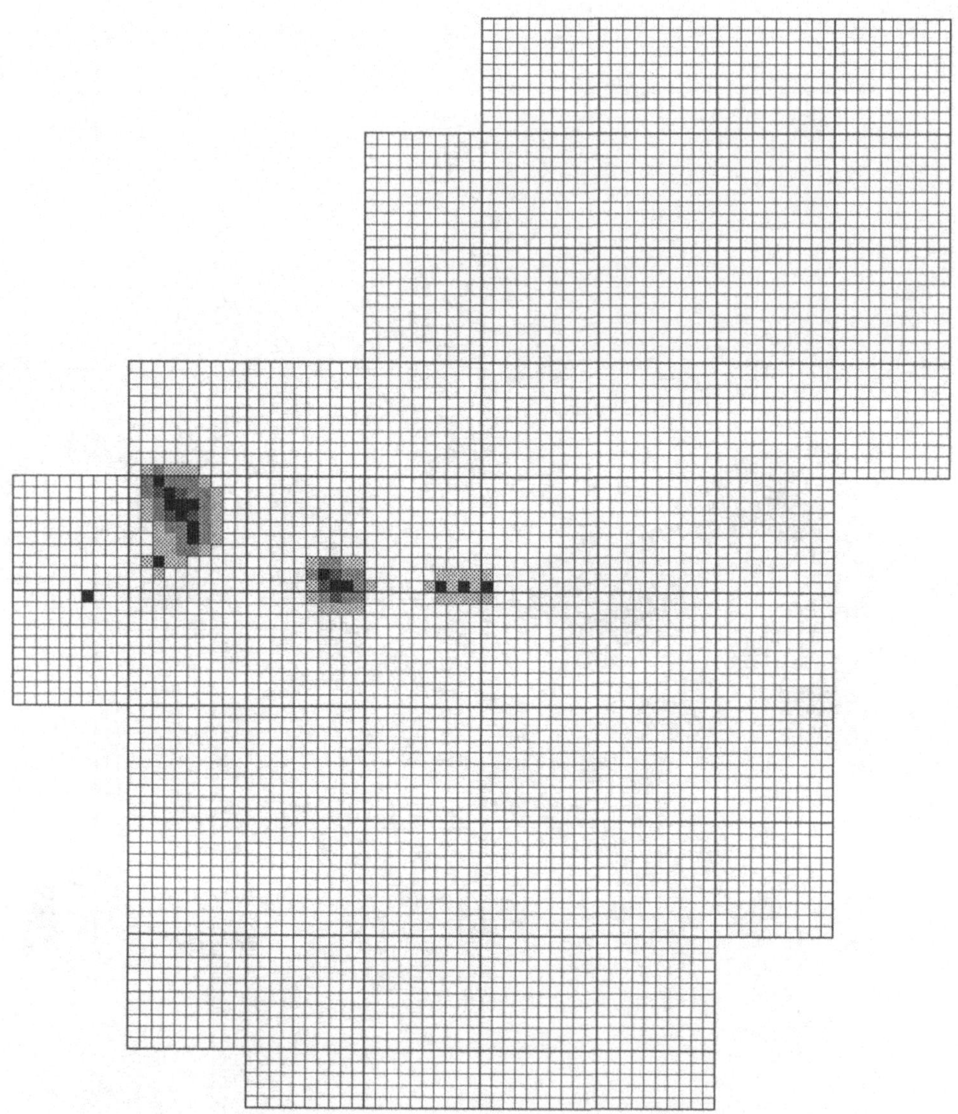

Abb. 5.3c: Wahrscheinlichkeit der Kolonisation (Cj) von 500 x 500 m-Quadranten durch *Glaucopsyche teleius* in der Pfälzischen Rheinebene in einem Zeitraum von 5 Jahren

qualitativ (= identische Populationsgröße aller Quadranten); $m' = 1{,}0$; $y = 5$

☐ = alle nachgewiesenen Vorkommen von 1989-1995 (Verteilung wie in Abb. 4.2)

■ = Kolonisationswahrscheinlichkeit (Cj): 90 - 100 %   ▨ = Kolonisationswahrscheinlichkeit (Cj): 30 - 59 %

▨ = Kolonisationswahrscheinlichkeit (Cj): 60 - 89 %   ☐ = Kolonisationswahrscheinlichkeit (Cj): 0 - 29 %

m' = (Dis-)Migrationsparameter (siehe Gl. 3.5) y = Kolonisations-/Etablierungsparameter (siehe Gl. 3.12)

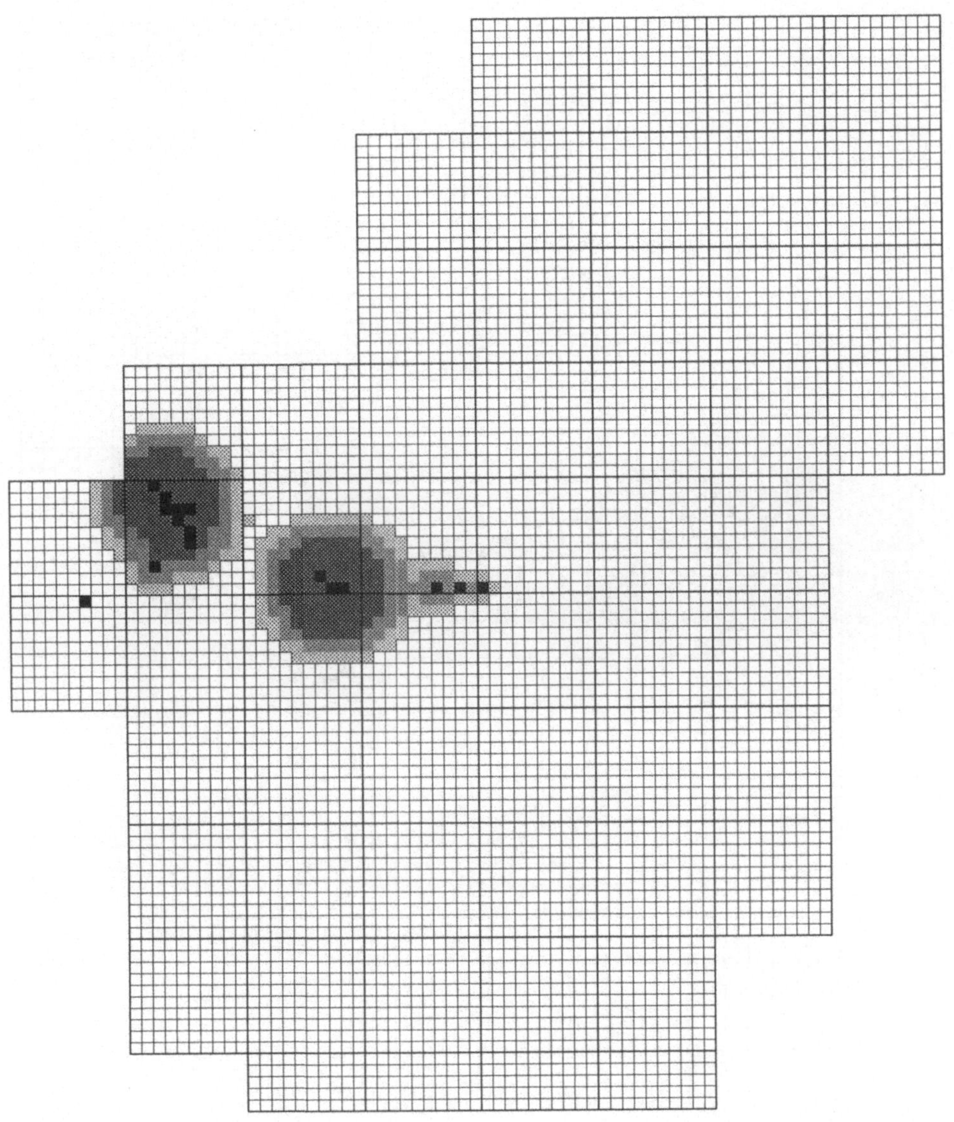

Abb. 5.3d: Wahrscheinlichkeit der Kolonisation (Cj) von 500 x 500 m-Quadranten durch *Glaucopsyche teleius* in der Pfälzischen Rheinebene in einem Zeitraum von 5 Jahren quantitativ (= quadrantenspezifische Populationsgröße); $m' = 1{,}0$; $y = 5$

☐ = alle nachgewiesenen Vorkommen von 1989-1995 (Verteilung wie in Abb. 4.2)

◼ = Kolonisationswahrscheinlichkeit (Cj): 90 - 100 %   ▨ = Kolonisationswahrscheinlichkeit (Cj): 30 - 59 %

▨ = Kolonisationswahrscheinlichkeit (Cj): 60 - 89 %   ☐ = Kolonisationswahrscheinlichkeit (Cj): 0 - 29 %

m' = (Dis-)Migrationsparameter (siehe Gl. 3.5) y = Kolonisations-/Etablierungsparameter (siehe Gl. 3.12)

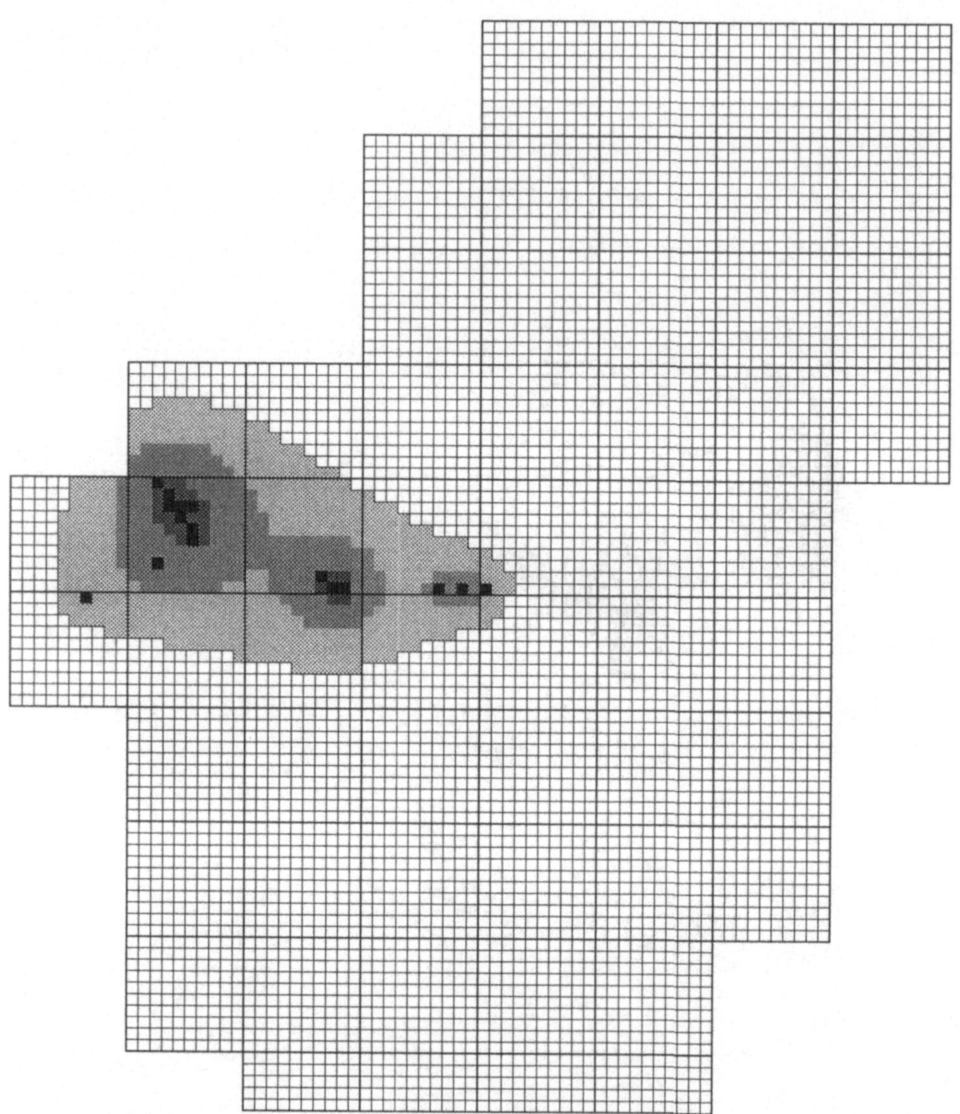

Abb. 5.4a: Wahrscheinlichkeit der Kolonisation (Cj) von 500 x 500 m-Quadranten durch *Glaucopsyche teleius* in der Pfälzischen Rheinebene in einem Zeitraum von 25 Jahren

qualitativ (= identische Populationsgröße aller Quadranten); $m' = 0,1$; $y = 40$

☐ = alle nachgewiesenen Vorkommen von 1989-1995 (Verteilung wie in Abb. 4.2)

■ = Kolonisationswahrscheinlichkeit (Cj): 90 - 100 %   ▨ = Kolonisationswahrscheinlichkeit (Cj): 30 - 59 %

▨ = Kolonisationswahrscheinlichkeit (Cj): 60 - 89 %   ☐ = Kolonisationswahrscheinlichkeit (Cj): 0 - 29 %

m' = (Dis-)Migrationsparameter (siehe Gl. 3.5) y = Kolonisations-/Etablierungsparameter (siehe Gl. 3.12)

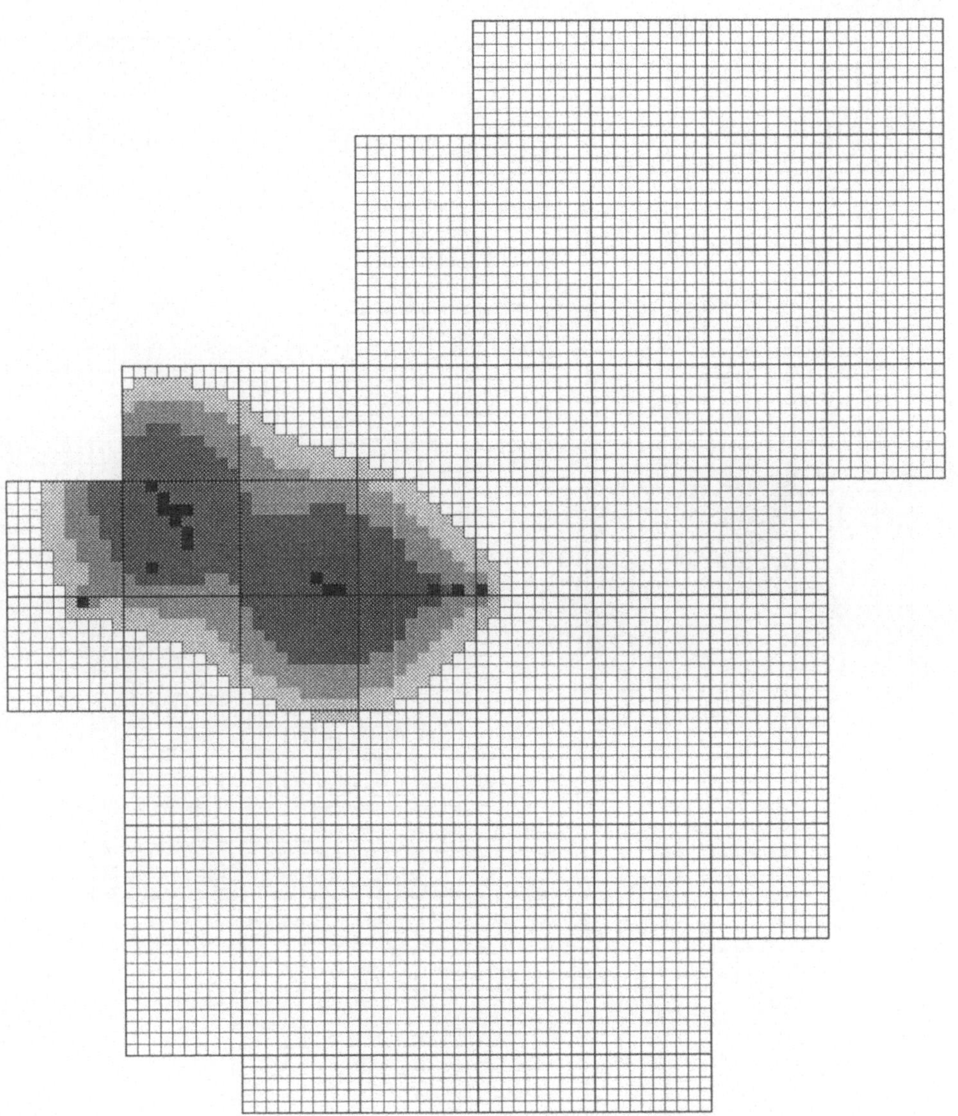

Abb. 5.4b: Wahrscheinlichkeit der Kolonisation (Cj) von 500 x 500 m-Quadranten durch *Glaucopsyche teleius* in der Pfälzischen Rheinebene in einem Zeitraum von 25 Jahren

quantitativ (= quadrantenspezifische Populationsgröße); $m' = 0{,}5$; $y = 30$

☐ = alle nachgewiesenen Vorkommen von 1989-1995 (Verteilung wie in Abb. 4.2)

■ = Kolonisationswahrscheinlichkeit (Cj): 90 - 100 %   ▨ = Kolonisationswahrscheinlichkeit (Cj): 30 - 59 %

▨ = Kolonisationswahrscheinlichkeit (Cj): 60 - 89 %   ☐ = Kolonisationswahrscheinlichkeit (Cj): 0 - 29 %

m' = (Dis-)Migrationsparameter (siehe Gl. 3.5) y = Kolonisations-/Etablierungsparameter (siehe Gl. 3.12)

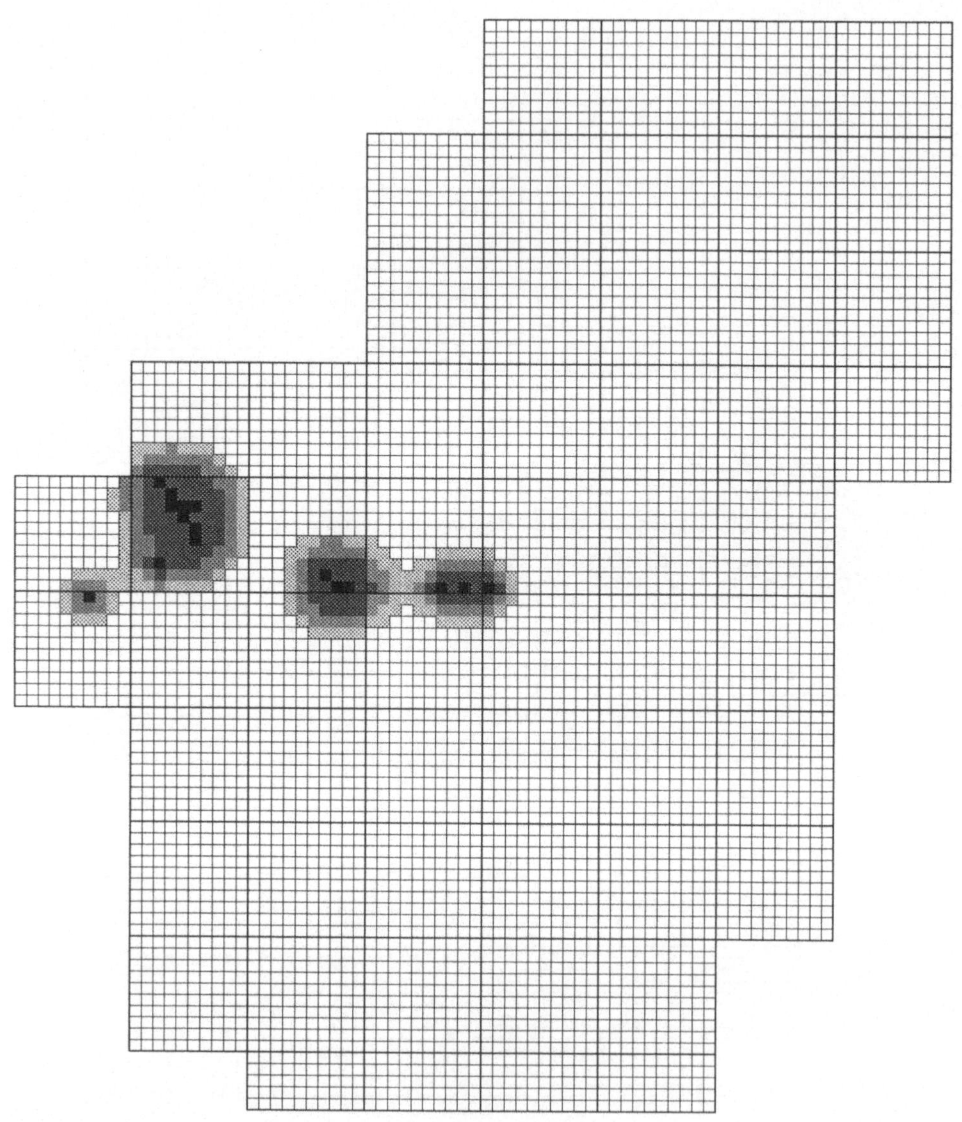

Abb. 5.4c: Wahrscheinlichkeit der Kolonisation (Cj) von 500 x 500 m-Quadranten durch *Glaucopsyche teleius* in der Pfälzischen Rheinebene in einem Zeitraum von 25 Jahren qualitativ (= identische Populationsgröße aller Quadranten); $m' = 1{,}0$; $y = 5$

☐ = alle nachgewiesenen Vorkommen von 1989-1995 (Verteilung wie in Abb. 4.2)

■ = Kolonisationswahrscheinlichkeit (Cj): 90 - 100 %   ▦ = Kolonisationswahrscheinlichkeit (Cj): 30 - 59 %

▦ = Kolonisationswahrscheinlichkeit (Cj): 60 - 89 %   ☐ = Kolonisationswahrscheinlichkeit (Cj):   0 - 29 %

m' = (Dis-)Migrationsparameter (siehe Gl. 3.5) y = Kolonisations-/Etablierungsparameter (siehe Gl. 3.12)

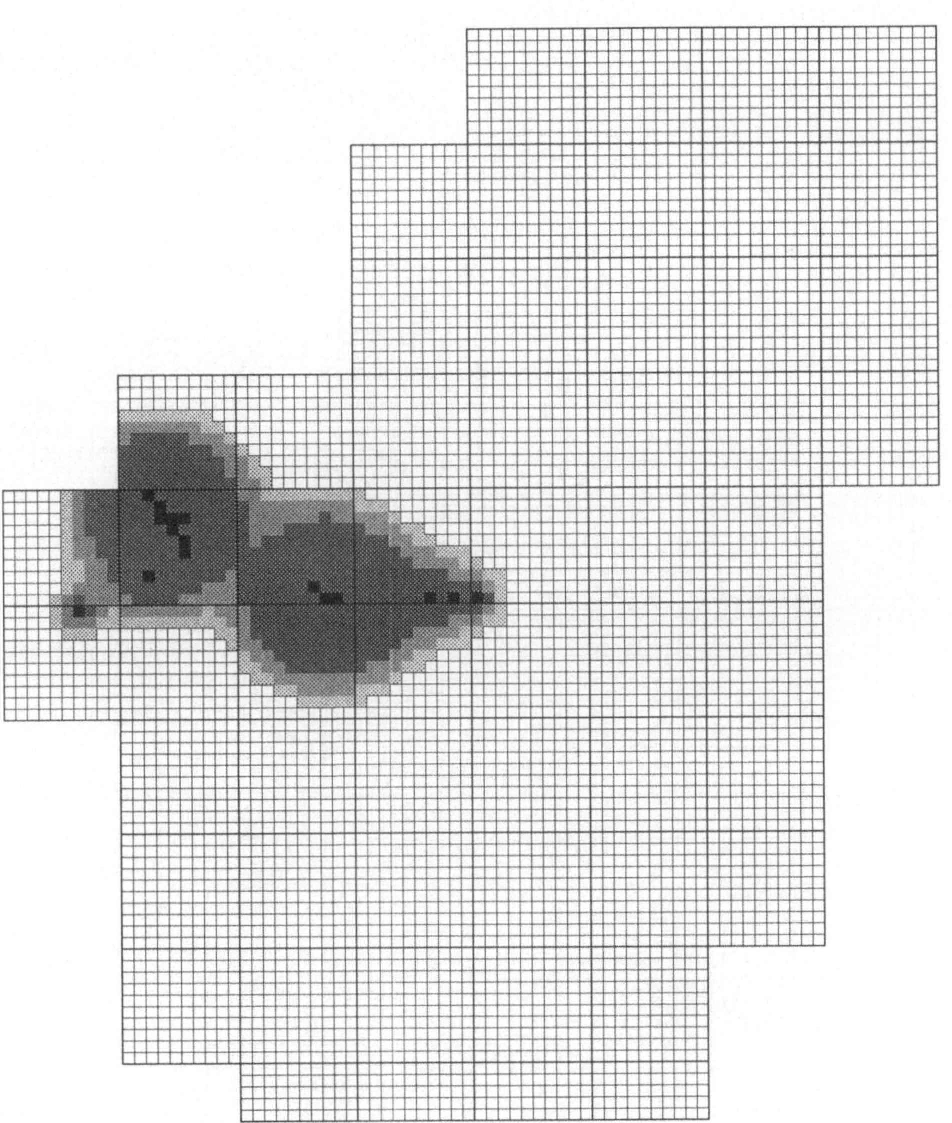

Abb. 5.4d: Wahrscheinlichkeit der Kolonisation (Cj) von 500 x 500 m-Quadranten durch *Glaucopsyche teleius* in der Pfälzischen Rheinebene in einem Zeitraum von 25 Jahren

quantitativ (= quadrantenspezifische Populationsgröße); $m' = 1{,}0$; $y = 5$

☐ = alle nachgewiesenen Vorkommen von 1989-1995 (Verteilung wie in Abb. 4.2)

▓ = Kolonisationswahrscheinlichkeit (Cj): 90 - 100 %   ▒ = Kolonisationswahrscheinlichkeit (Cj): 30 - 59 %

▓ = Kolonisationswahrscheinlichkeit (Cj): 60 - 89 %   ☐ = Kolonisationswahrscheinlichkeit (Cj): 0 - 29 %

m' = (Dis-)Migrationsparameter (siehe Gl. 3.5) y = Kolonisations-/Etablierungsparameter (siehe Gl. 3.12)

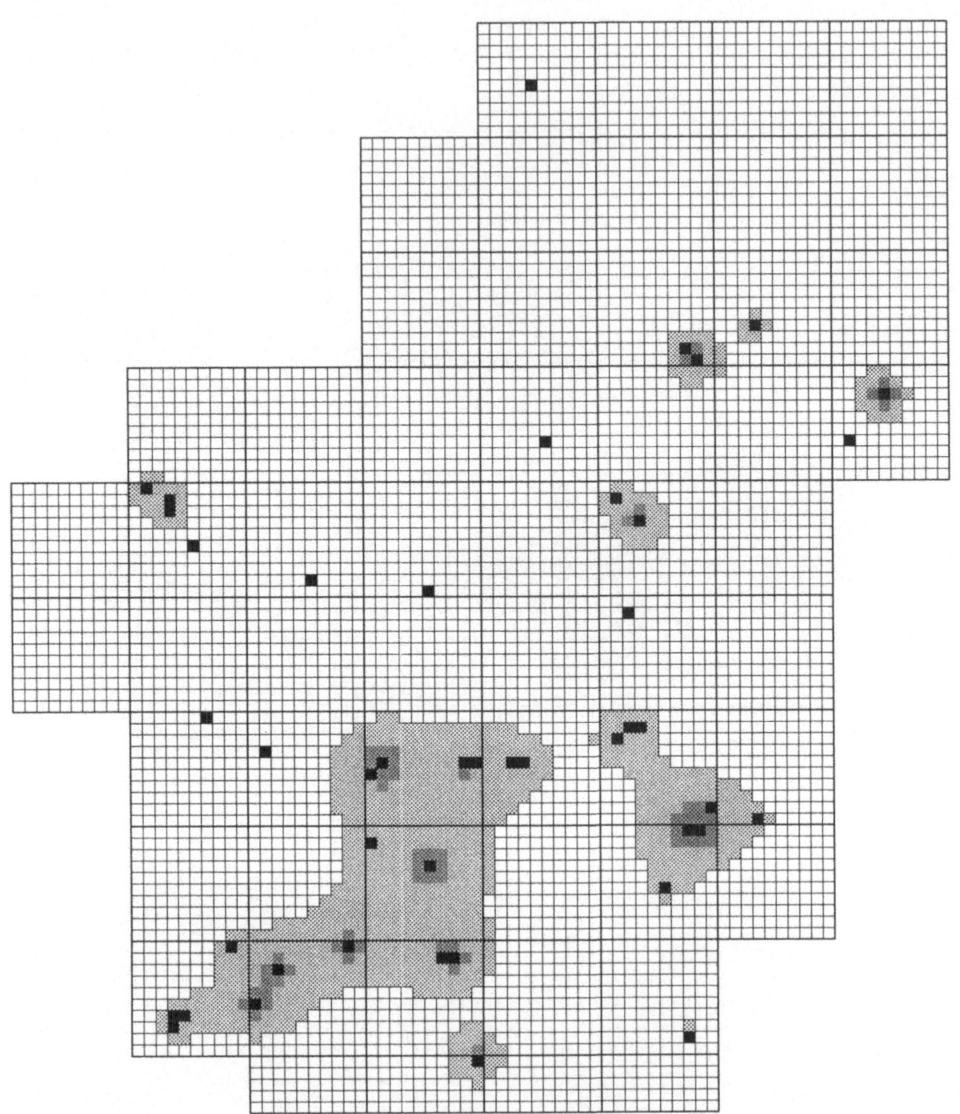

Abb. 5.5a: Wahrscheinlichkeit der Kolonisation (Cj) von 500 x 500 m-Quadranten durch
Lycaena dispar in der Pfälzischen Rheinebene in einem Zeitraum von 5 Jahren

qualitativ (= identische Populationsgröße aller Quadranten); $m' = 0{,}1$; $y = 15$

☐ = alle nachgewiesenen Vorkommen von 1989-1995 (Verteilung wie in Abb. 4.2)

▓ = Kolonisationswahrscheinlichkeit (Cj): 90 - 100 %   ▒ = Kolonisationswahrscheinlichkeit (Cj): 30 - 59 %

▓ = Kolonisationswahrscheinlichkeit (Cj): 60 - 89 %   ☐ = Kolonisationswahrscheinlichkeit (Cj): 0 - 29 %

m' = (Dis-)Migrationsparameter (siehe Gl. 3.5) y = Kolonisations-/Etablierungsparameter (siehe Gl. 3.12)

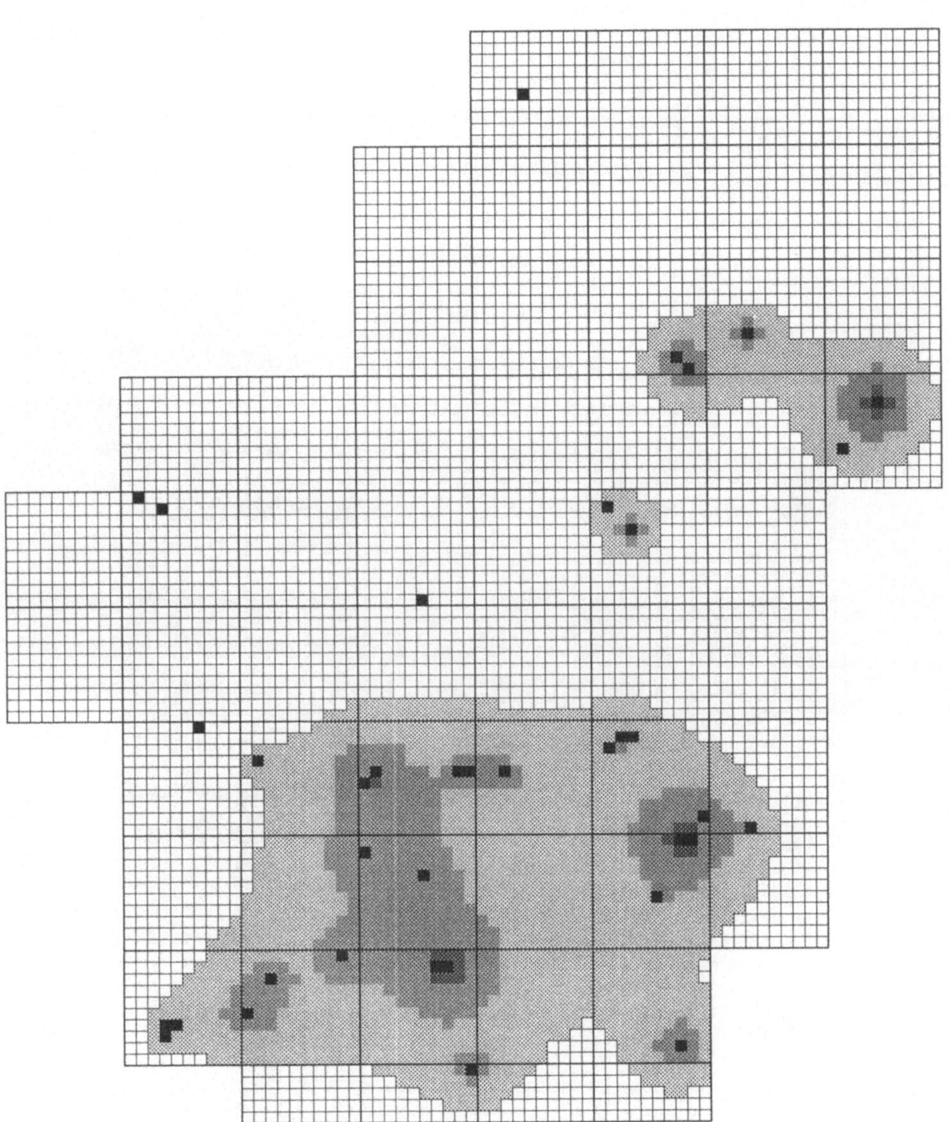

Abb. 5.5b: Wahrscheinlichkeit der Kolonisation (Cj) von 500 x 500 m-Quadranten durch *Lycaena dispar* in der Pfälzischen Rheinebene in einem Zeitraum von 5 Jahren quantitativ (= quadrantenspezifische Populationsgröße); $m' = 0{,}1$; $y = 15$

☐ = alle nachgewiesenen Vorkommen von 1989-1995 (Verteilung wie in Abb. 4.2)

▪ = Kolonisationswahrscheinlichkeit (Cj): 90 - 100 %   ▪ = Kolonisationswahrscheinlichkeit (Cj): 30 - 59 %

▪ = Kolonisationswahrscheinlichkeit (Cj): 60 - 89 %

m' = (Dis-)Migrationsparameter (siehe Gl. 3.5) y = Kolonisations-/Etablierungsparameter (siehe Gl. 3.12)

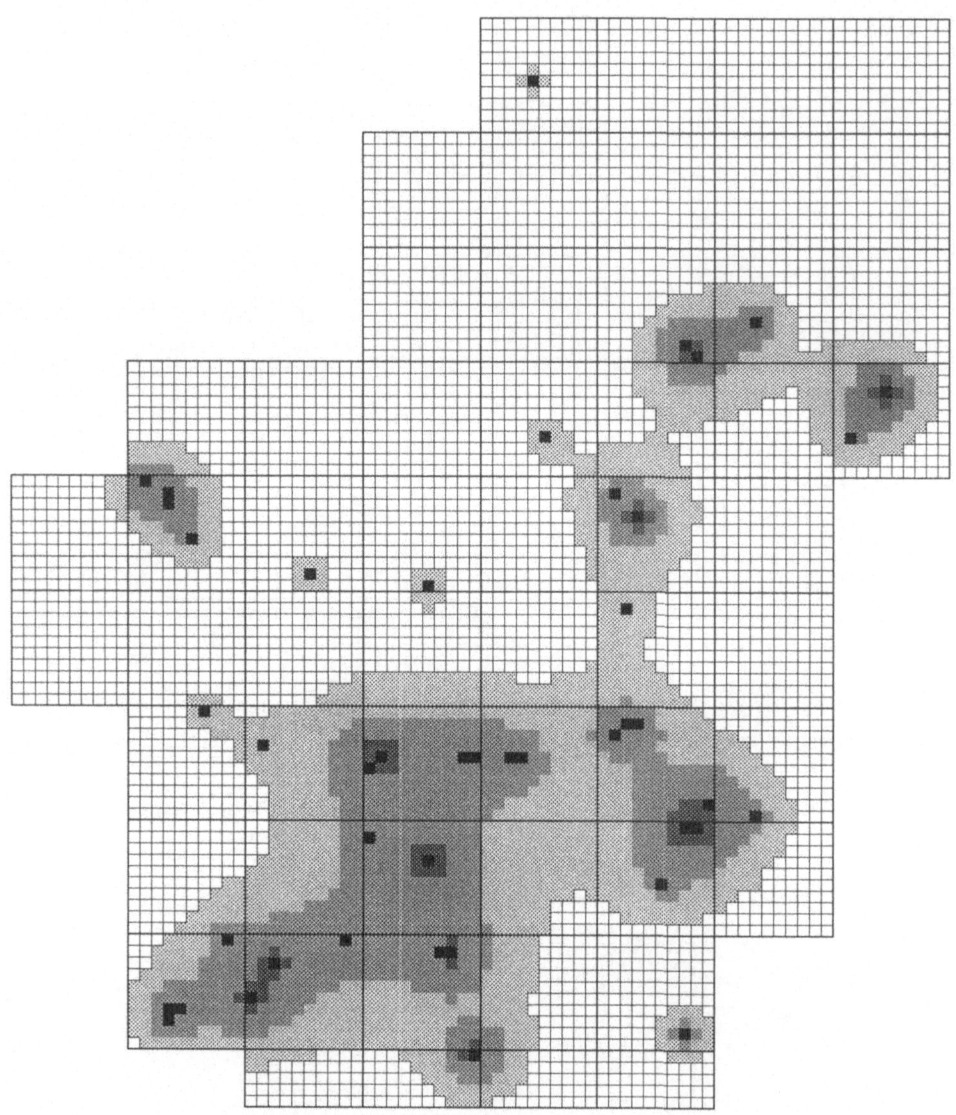

Abb. 5.5c: Wahrscheinlichkeit der Kolonisation (Cj) von 500 x 500 m-Quadranten durch *Lycaena dispar* in der Pfälzischen Rheinebene in einem Zeitraum von 5 Jahren

qualitativ (= identische Populationsgröße aller Quadranten); $m' = 0{,}2$; $y = 5$

☐ = alle nachgewiesenen Vorkommen von 1989-1995 (Verteilung wie in Abb. 4.2)

■ = Kolonisationswahrscheinlichkeit (Cj): 90 - 100 %   ▨ = Kolonisationswahrscheinlichkeit (Cj): 30 - 59 %

▨ = Kolonisationswahrscheinlichkeit (Cj): 60 - 89 %   ☐ = Kolonisationswahrscheinlichkeit (Cj):   0 - 29 %

m' = (Dis-)Migrationsparameter (siehe Gl. 3.5) y = Kolonisations-/Etablierungsparameter (siehe Gl. 3.12)

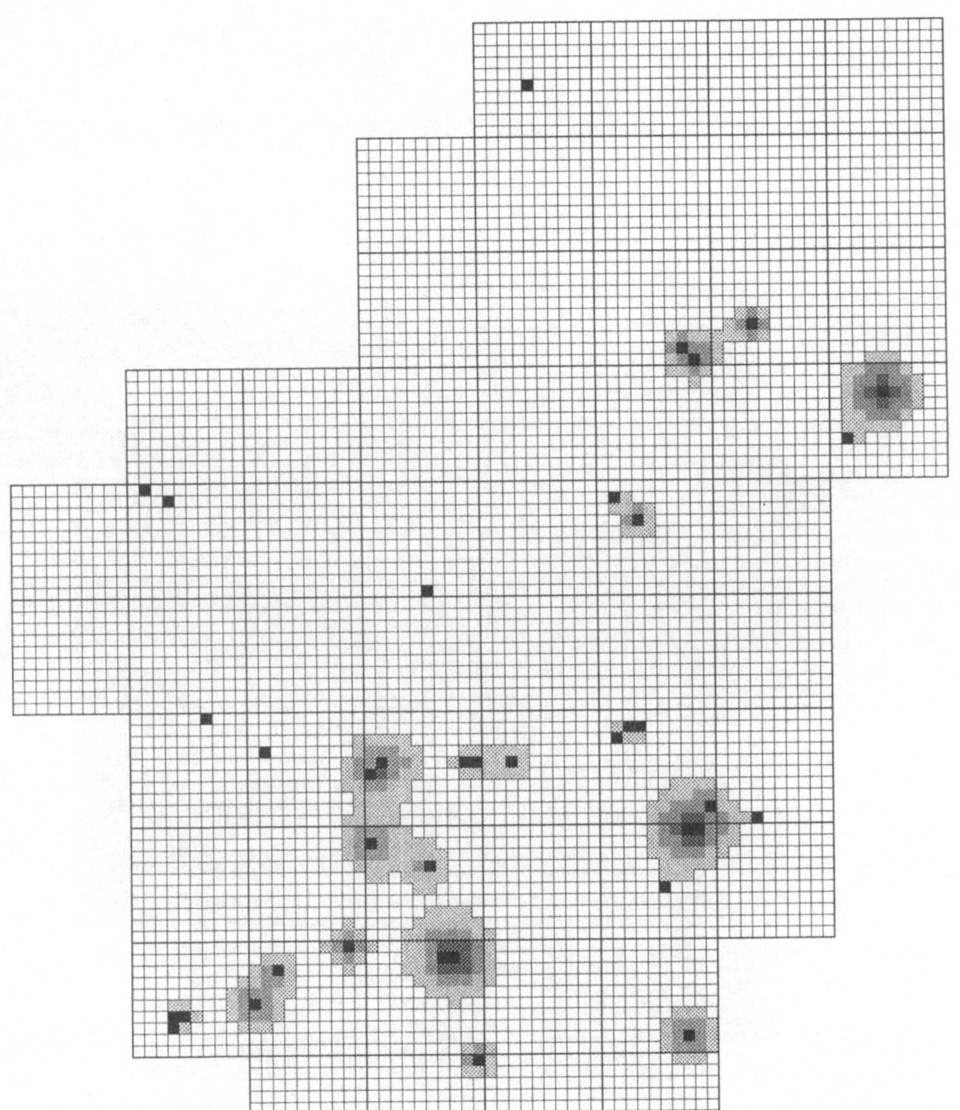

Abb. 5.5c: Wahrscheinlichkeit der Kolonisation (Cj) von 500 x 500 m-Quadranten durch
Lycaena dispar in der Pfälzischen Rheinebene in einem Zeitraum von 5 Jahren

qualitativ (= identische Populationsgröße aller Quadranten); $m' = 0{,}2$; $y = 5$

☐ = alle nachgewiesenen Vorkommen von 1989-1995 (Verteilung wie in Abb. 4.2)

▨ = Kolonisationswahrscheinlichkeit (Cj): 90 - 100 %   ▨ = Kolonisationswahrscheinlichkeit (Cj): 30 - 59 %

▨ = Kolonisationswahrscheinlichkeit (Cj): 60 - 89 %   ☐ = Kolonisationswahrscheinlichkeit (Cj): 0 - 29 %

m' = (Dis-)Migrationsparameter (siehe Gl. 3.5)   *y* = Kolonisations-/Etablierungsparameter (siehe Gl. 3.12)

Abb. 5.6a: Wahrscheinlichkeit der Kolonisation (Cj) von 500 x 500 m-Quadranten durch *Lycaena dispar* in der Pfälzischen Rheinebene in einem Zeitraum von 25 Jahren

qualitativ (= identische Populationsgröße aller Quadranten); $m' = 0,1$; $y = 15$

☐ = alle nachgewiesenen Vorkommen von 1989-1995 (Verteilung wie in Abb. 4.2)

■ = Kolonisationswahrscheinlichkeit (Cj): 90 - 100 %   ▨ = Kolonisationswahrscheinlichkeit (Cj): 30 - 59 %

▨ = Kolonisationswahrscheinlichkeit (Cj): 60 - 89 %   ☐ = Kolonisationswahrscheinlichkeit (Cj): 0 - 29 %

m' = (Dis-)Migrationsparameter (siehe Gl. 3.5) y = Kolonisations-/Etablierungsparameter (siehe Gl. 3.12)

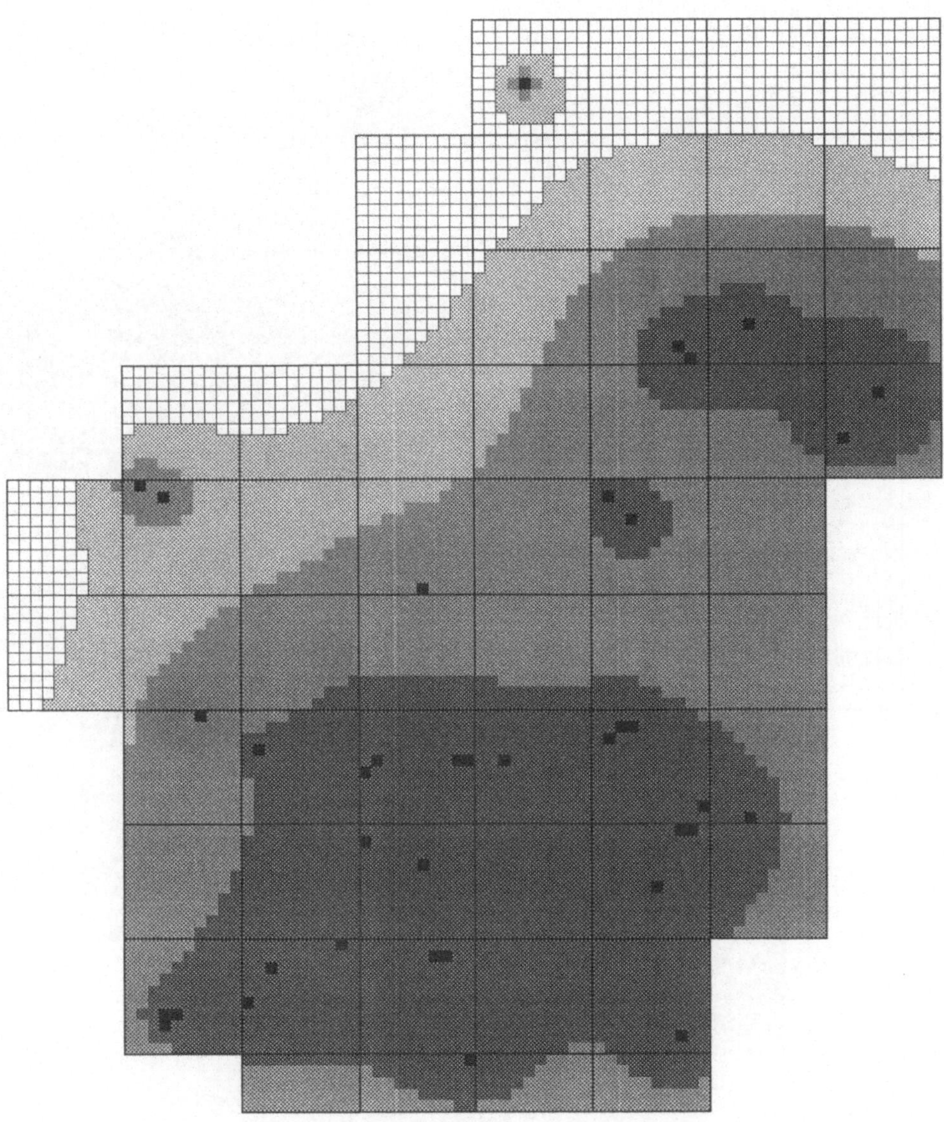

Abb. 5.6b: Wahrscheinlichkeit der Kolonisation (Cj) von 500 x 500 m-Quadranten durch *Lycaena dispar* in der Pfälzischen Rheinebene in einem Zeitraum von 25 Jahren quantitativ (= quadrantenspezifische Populationsgröße); $m' = 0,1$; $y = 15$

☐ = alle nachgewiesenen Vorkommen von 1989-1995 (Verteilung wie in Abb. 4.2)

■ = Kolonisationswahrscheinlichkeit (Cj): 90 - 100 %   ▨ = Kolonisationswahrscheinlichkeit (Cj): 30 - 59 %

▨ = Kolonisationswahrscheinlichkeit (Cj): 60 - 89 %   ☐ = Kolonisationswahrscheinlichkeit (Cj):   0 - 29 %

m' = (Dis-)Migrationsparameter (siehe Gl. 3.5) y = Kolonisations-/Etablierungsparameter (siehe Gl. 3.12)

Abb. 5.6c: Wahrscheinlichkeit der Kolonisation (Cj) von 500 x 500 m-Quadranten durch
Lycaena dispar in der Pfälzischen Rheinebene in einem Zeitraum von 25 Jahren

qualitativ (= identische Populationsgröße aller Quadranten); $m' = 0{,}2$; $y = 5$

☐ = alle nachgewiesenen Vorkommen von 1989-1995 (Verteilung wie in Abb. 4.2)

■ = Kolonisationswahrscheinlichkeit (Cj): 90 - 100 %   ▨ = Kolonisationswahrscheinlichkeit (Cj): 30 - 59 %

▨ = Kolonisationswahrscheinlichkeit (Cj): 60 - 89 %   ☐ = Kolonisationswahrscheinlichkeit (Cj):   0 - 29 %

m' = (Dis-)Migrationsparameter (siehe Gl. 3.5) y = Kolonisations-/Etablierungsparameter (siehe Gl. 3.12)

Abb. 5.6d: Wahrscheinlichkeit der Kolonisation (Cj) von 500 x 500 m-Quadranten durch *Lycaena dispar* in der Pfälzischen Rheinebene in einem Zeitraum von 25 Jahren

quantitativ (= quadrantenspezifische Populationsgröße); $m' = 0{,}5$; $y = 10$

☐ = alle nachgewiesenen Vorkommen von 1989-1995 (Verteilung wie in Abb. 4.2)

■ = Kolonisationswahrscheinlichkeit (Cj): 90 - 100 %

▨ = Kolonisationswahrscheinlichkeit (Cj): 30 - 59 %

▨ = Kolonisationswahrscheinlichkeit (Cj): 60 - 89 %

☐ = Kolonisationswahrscheinlichkeit (Cj): 0 - 29 %

m' = (Dis-)Migrationsparameter (siehe Gl. 3.5)

y = Kolonisations-/Etablierungsparameter (siehe Gl. 3.12)

5.2.4 Von der Parameter-Quantifizierung zur Gefährdungseinschätzung für Einzelpopulationen bei verschiedenen Szenarien

Auf Basis der über Inzidenzmodelle erfolgten Parameter-Quantifizierungen könnte nun für jede Population für jede Veränderung der Rahmenbedingungen die Überlebenschance abgeschätzt werden, wobei sich diese einfach in der entsprechenden zu erwartenden Inzidenz ausdrückt. Es werden also für die zu betrachtenden Populationen die zu erwartenden Inzidenzen auf Basis der Ergebnisse der Simulationen berechnet. Bleibt beispielsweise die Kapazität des Lebensraumes identisch, so ist auch die Extinktionswahrscheinlichkeit dieselbe. Sind aber z.B. durch Vernichtung einiger benachbarter Populationen die Kolonisationswahrscheinlichkeiten der betrachteten Habitate durch die Verringerung der Zahl zu erwartender Immigranten unter gleichbleibendem Kolonisationsparameter (y) zurückgegangen, resultiert daraus eine Abnahme der entsprechenden zu erwartenden Inzidenz.

Die Unterschiede zwischen der bei derzeitigen - und somit *per definitonem* Equilibrium-Bedingungen - zu erwartenden Inzidenz und der bei veränderten Konstellationen zu erwartenden Inzidenz sind dann das Maß für die Auswirkungen bestimmter Maßnahmen. Hierbei können neben den Gesamtlandschafts-Equilibriumsbedingungen aber auch differenziertere Bedingungen für kleinere Teilbereiche (Gruppen von Populationen oder einzelne eindeutiger abgrenzbaren Metapopulationen) ermittelt werden (vgl. Burgman et al. 1993) und als Basis dienen (Equilibriumsbedingungen vorausgesetzt, s. Kap. 4.3.8 und 5.1.3).

5.2.5 Von der Parameter-Quantifizierung zur Einschätzung der Hauptgefährdungsfaktoren von Arten im Landschaftsmaßstab

Eine auf der Parameter-Quantifizierung basierende Möglichkeit der Einschätzung der Hauptgefährdungsfaktoren auf dem Landschaftsmaßstab soll hier am Beispiel der drei analysierten Arten erläutert werden. Die Zusammenschau der Simulationsergebnisse (Tab. 4.8) ergibt, daß *G. nausithous* die höchste Anzahl Immigranten braucht, um ein Habitat erfolgreich zu besiedeln, daß die Art einer mittleren Mobilität zuzuordnen ist und daß sie höhere Habitatkapazitäten benötigt, um ein ähnlich geringes Extinktionsrisiko aufzuweisen wie die beiden anderen, bezüglich dieses Faktors als ähnlich einzustufenden Arten. *G. teleius* benötigt eine mittlere Anzahl Immigranten zur erfolgreichen Etablierung, *L. dispar* die wenigsten. *G. teleius* weist die geringste, *L. dispar* die höchste Mobilität im Gebiet auf.

Da die vorgefundenen Populationsgrößen bei *L. dispar* allerdings die mit Abstand geringsten der drei Arten waren, resultiert daraus dennoch im Freiland eine höhere Aussterbewahrscheinlichkeit für diese Art als für *G. nausithous* oder *G. teleius*, die jedoch wiederum durch die höhere Mobilität und das bessere Etablierungspotential kompensiert wird. Zusammengefaßt zeichnen sich für die drei Arten als Strategien ab: Überleben durch hohe Populationsdichten für *G. nausithous*, die durch immer noch vergleichsweise hohe Mobilitäten das geringere Etablierungspotential und die bei vergleichbarer Kapazität höhere Extinktionswahrscheinlichkeit kompensiert. Überleben durch hohe Mobilität und relativ großen Etablierungserfolg bei *L. dispar*, was die geringen Populationsdichten kompensiert. *G. teleius* zeigt im Prinzip auch eine Strategie höherer Populationsdichten, zeichnet sich aber im Vergleich zu *G. nausithous* durch größere Konstanz (geringere Extinktionswahrscheinlichkeit) und geringere Mobilität aus. Doch wie wirken sich diese Einsichten in der konkreten Landschaft aus?

Aus den in Abb. 5.1 bis 5.6 graphisch aufgearbeiteten Szenarien wird sofort deutlich, daß für *G. teleius* die Isolation eine große Rolle spielt, da selbst nach 25 Jahren nur die nähere Umgebung durch die Art mit brauchbarer Wahrscheinlichkeit besiedelbar ist und auch die beiden Hauptvorkommensbereiche voneinander etwas isoliert sind. D.h., wenn Maßnahmen z.B. des Habitatmangements auf diese abzielen würden, müssen sie in diesem engen Bereich stattfinden. Erst wenn diese Bereiche besiedelt sind, besteht die Chance einer weiteren Ausbreitung. Potentiell geeignete Habitate in größerer Entfernung von den derzeitigen Vorkommen sind also für die Art unerreichbar. Hierbei muß zudem bedacht werden, daß die Art in den letzten Jahrzehnten mit Sicherheit stark zurückgegangen ist (vgl. Abb. 4.1), was vermutlich mit Veränderungen der Habitate zusammenhängt. Auch muß noch in Erwägung gezogen werden, daß die Art im Gebiet bereits eine "minimum viable metapopulation size" *sensu* Hanski et al. (1996) erreicht haben könnte, weshalb eine Verbesserung der Habitatqualität in der näheren Umgebung zusätzlich wichtig sein dürfte, sollte die Art auch langfristig als Teil der Fauna erhalten werden. Für *L. dispar* dürfte die Isolation *per se* relativ unwichtig sein. Hingegen sind die geringen Populationsdichten ein zentraler Faktor. Für die Art sind daher Habitate mit größeren Populationen von zentraler Bedeutung. Lediglich *G. nausithous* dürfte ohne größere Probleme im Prinzip in der Lage sein, geeignet werdende Habitate im gesamten Gebiet innerhalb einiger Jahre zu besiedeln.

5.3 Beitrag zur Entwicklung einer demographisch-ökologischen Klassifizierung von Tierartengruppen als Instrument im Naturschutz

5.3.1 Hintergrund und Einführung am Beispiel der Tagfalter

Die Relevanz der Ergebnisse detaillierter ökologischer Studien ist bei Schutzbestrebungen für die jeweils untersuchte Art offenkundig. In Kombination mit Modellen können gute Orientierungshilfen für den praktischen Naturschutz entwickelt und nach Schließung weiterer Wissenslücken vor allem in größeren Bezugsräumen verbessert werden. Da jedoch in der Regel für die Mehrzahl der Arten detaillierte Studien nicht vorliegen, wäre es anzustreben, Generalisierungen und Vereinfachungen basierend auf intensiven Studien an ausgewählten Arten durchzuführen, die mit reduziertem Aufwand zu dennoch zuverlässigen Ergebnissen führen (siehe z.B. auch Henle et al. 1995, Amler et al. 1996, Mühlenberg et al. 1996).

Grundlage dieses Ansatzes wäre, daß für eine repräsentative Auswahl von Arten fundierte Kenntnisse der Populationsbiologie vorliegen, die das ökologische Spektrum innerhalb eines Taxons abdecken und dazu zudem abschätzbar ist, inwiefern die jeweiligen ökologisch-demographischen Charakteristika auf als diesbezüglich ähnlich eingestufte Arten übertragbar sind. Ein langfristiges Ziel wäre hierbei die Zusammenstellung eines Modell-Modul-Sets, untersetzt mit Informationssystemen mit entsprechenden Referenzdaten zu Habitatansprüchen und Demographie einer größeren Anzahl Arten (Henle & Mühlenberg 1996, Henle et al. 1996). Die Chancen für eine Realisierung eines solchen Konzeptes werden in Settele & Poethke (1996) speziell bezüglich demographischer Faktoren für die Tagfalter diskutiert und im Folgenden vor allem bezüglich der im Rahmen dieser Studie gewonnenen Einsichten zusammengefaßt. Auf Habitatfaktoren wird dabei zunächst wie auch auf sehr vagile Arten, für die ein gänzlich anderer Betrachtungsmaßstab relevant wäre, nicht näher eingegangen. Für die letztgenannten mag gleichwohl der Schutz eines kleinen Teils der Gesamtverbreitung von zentraler Relevanz für einen erfolgreichen Gesamtschutz sein. Nach New et al. (1995) können die meisten von ihnen vom Menschen stark geprägte Landschaften nutzen und werden nicht als besonders gefährdet betrachtet. Die Kenntnis der Habitatansprüche einzelner Arten steigt ständig. Die Methodik der Beschreibung ist ziemlich klar und basiert auf konventionellen statistischen Methoden. Erfolgreiche Umsetzung von Forschungsergebnissen ist extrem wichtig und hat z.B. das Aussterben des Scheckenfalters *Melitaea athalia* in England verhindert (Warren 1991) und die Wiedereinfuhr von *G. arion* möglich gemacht (J.A.Thomas 1996). Die Analyse von Schlüsselfaktoren des Einflusses der Habitatansprüche auf die Demographie wird mit zunehmender Verfügbarkeit von Modellen verbessert (Hochberg et al. 1992, 1994, Poethke et al. 1994, Griebeler et al. 1995). Die Quantifizierung demographischer Parameter im Freiland wäre ein weiterer wichtiger Schritt.

Für die Tagfalterfauna Deutschlands, mit ihren ca. 180 Arten, wäre es erstrebenswert, Forschung zur Populationsökologie von mindestens 50% der gefährdeten Arten und einiger weiterer durchzuführen, so daß eine vernünftige Vielfalt unterschiedlicher Ansprüche darin vertreten ist, um Regeln für die Anwendung im Naturschutz daraus abzuleiten. Spezielle Beschreibungen der Habitatansprüche sind genauso wie vereinfachte Kategorisierungen für die Arten generell verfügbar (Blab & Kudrna 1982, Reinhardt & Thust 1988, Ebert & Rennwald 1991a, 1991b, Bink 1994, Weidemann 1995), während quantitative Habitatanalysen für etwa 20% der Arten verfügbar sein mögen.

5.3.2 Demographie von Tagfalter-Populationen

Populationsgröße und deren Fluktuation

Schlüsselfaktoren der Demographie, speziell für die Einschätzung der lokalen Aussterbewahrscheinlichkeit sind Populationsgröße und ihre Fluktuation. Diese sind vor allem abhängig von lokalen Geburts- und Sterbeprozessen (vgl. z.B. Dempster 1983, Hanski 1994c, im Modellzusammenhang: Stelter et al. 1996).

Für 10 bis 15% der deutschen Tagfalterfauna sind immerhin einjährige Erfassungen zu Populationsgrößen in bestimmten Habitaten verfügbar. Doch dies stellt erst einen ersten Schritt in Richtung auf die nötige Erfassung von Populationsschwankungen dar. Diese Daten können aber sehr hilfreich sein, um z.B. die Anwendbarkeit verschiedener Markierungs-Wiederfang-Methoden zu testen (vgl. Gall 1985), vergleichend bei verschiedenen Arten mit verschiedenen demographischen Charakteristika. Hierbei ist langfristig ein besonderes Augenmerk auf die Möglichkeiten methodischer Vereinfachungen zu richten. Wie die vorliegende Studie gezeigt hat, sind Angaben zur Populationsgröße wichtig, aber in einem Rahmen wie dem vorliegenden aufgrund der Vielzahl der Populationen nicht mit den normalen arbeitsintensiven Methoden erfaßbar. Hierin läge ein wichtiger Anwendungsbereich für derartige Vereinfachungen. Ein interessanter Versuch in dieser Richtung, der aber immer noch mit relativ viel Aufwand verbunden ist, könnte in der Kombination des Jolly-Seber-Verfahrens (Seber 1982) mit dem Verfahren Capture (Otis et al. 1978) liegen (siehe Feldmann et al. 1995) oder in einer Anwendung des Bayes'schen Algorithmus (Gazey & Staley 1986).

Da uns oft Daten zur zeitlichen Variation von Geburts- und Sterberaten fehlen, könnten wir lokale Extinktionsrisiken aus Daten der zeitlichen Variation der Populationsgrößen ableiten (Poethke et al. 1996a). Schwankungen der Populationsgrößen zwischen verschiedenen Jahren waren für einige Arten detailliert mit Markierungs-Wiederfang-Ansätzen untersucht worden (Pauler-Fürste et al. 1996, Seufert & Grosser 1996, Vogel & Johannesen 1996, Witkowski & Adamski 1996). Ebenso liegen semiquantitative Daten zur Variation zwischen verschiedenen Jahren auf Basis von Transekt-Untersuchungen vor (z.B. Pollard & Yates 1993), oder, wie auch in der vorliegenden Studie, basierend auf systematischen Anwesenheits/Abwesenheits-Erfassungen (z.B. Hanski 1994a, 1994b, Hanski et al. 1994, 1995b, Seufert & Grosser 1996). Diese können als Basis für die Parameterabschätzung bei Modellansätzen Verwendung finden und sind speziell für Varianzschätzungen hilfreich (Poethke et al. 1996a).

Parameter der Metapopulation

Nur für wenige Arten, die in großen lokalen Populationen existieren (mittlere Größe von mehr als 10^4 Adulten pro Generation, New et al. 1995) und eine dichteunabhängige Populationsdynamik aufweisen, mag der Schutz oder das Mangement eines einzelnen Habitates ausreichen, um die Population praktisch ohne zeitliche Begrenzung zu erhalten. Nach C.D.Thomas (1995) wie auch New et al. (1995) bilden aber Tagfalter in ihrer Mehrzahl geschlossene Populationen (Diskussion siehe Hanski et al. 1994), welche normalerweise zumindest Gruppen interagierender Populationen oder als „richtige" Metapopulationen vorliegen (vgl. Reich & Grimm 1996, sowie Kap. 2 bzw. 4.1).

Für diese müssen sich Schutzbemühungen auf den Landschaftsmaßstab und die regionale Kolonisation wie Extinktion konzentrieren. Ein Schlüsselfaktor für die Extinktion ist - neben der Populationsgröße und deren zeitlicher Fluktuation - die räumliche Korrelation der Populationsschwankungen, die bestimmt wird von der artspezifischen Mobilität ebenso wie mitunter auch vom Migrationsverhalten von Parasitoiden und Prädatoren (Huffacker 1958, Huffacker et al. 1963, Rennau 1991). Die regionale Ausdehnung der räumlichen Korrelation von abiotischen Faktoren, die die Variation der Populationsgrößen beeinflußen (z.B. Wetter) muß ebenso in Betracht gezogen werden (Frank et al. 1994, Frank & Berger 1996).

Neben der Mobilität (Dismigrationspotential) sind in diesem Kontext vor allem die spezifischen Etablierungsparameter und die Kapazität des entsprechenden Habitates wesentlich (vgl. Poethke et al. 1996b). Diese Faktoren sind schwer und meist nur mit hohem Aufwand direkt erfaßbar, weshalb Analysen, die auf Simulationsmodellen basieren, in diesem Zusammenhang wesentlich sind. Für gute Simulationen sind aber gute Freilanddaten zu den Faktoren erforderlich, die die lokale Populationsdynamik bestimmen (siehe Kap. 5.2), also zur Mobilität der Arten und/oder zur An- oder Abwesenheit einer Art über mehrere Jahre hinweg (wie in vorliegender Studie, um z.B. Inzidenz-Modelle zu testen, vgl. Hanski 1994a, 1994c).

Während für die Faktoren, die die lokale Bestandesdynamik bestimmen, bereits gute Vorstellungen entwickelt werden konnten (vgl. z.B. Dempster 1983, Hanski 1994c), existieren kaum diesbezügliche Informationen zur regionalen Populationsdynamik. Speziell Angaben zur Mobilität sind selten. Deren Analyse könnte sich konzentrieren auf den quantitativen Anteil von Individuen, die ein Habitat-Patch verlassen oder eine bestimmte Entfernung erreichen, genauso wie auf die Gesamtentfernung, die von einem Individuum (evtl. regelmä ßiger) erreicht werden kann. Neue Methoden der Fernerkundung, wie das „harmonische Radar" (Mascanzoni & Wallin 1986, Roland et al. 1996), werden sicherlich dazu beitragen, in diesem Zusammenhang zu mehr Informationen zu gelangen.

Generell scheint bislang die Dismigrationsfähigkeit der einheimischen Tagfalter durchweg unterschätzt worden zu sein (vgl. Hanski et al. 1994, Settele et al. 1996a, siehe Kap. 4.1.2). Für die meisten in der Übersichtsarbeit von Settele et al. (1996a) analysierten Arten, auch für vermeintlich sehr standorttreue, konnten Dismigrationsereignisse von mindestens 2 km nachgewiesen werden. Auch war die Landschaftsmatrix, einschließlich vermeintlich isolierender Barrieren, wie Wäldern oder breiten Flüssen, für die exakter analysierten Arten kein absolutes Hindernis (Pauler-Fürste et al. 1996, Seufert & Grosser 1996; vgl. Angaben zur Mobilität der im Rahmen dieser Studie näher analysierten Arten in Kap. 4.2.5; zur Quantifizierung der Matrix-Permeabilität siehe z.B. Fry 1994). Bedingt durch die wenigen verfügbaren Daten ist es nach wie vor schwierig, die Mobilität in einer angemessenen und vergleichbaren Weise zu kategorisieren. Oft verwendete Ansätze über die Körpergröße der Tiere (Tscharntke & Greiler 1995) oder das Sukzessionsstadium bzw. die Dauerhaftigkeit des Habitates (Brown 1951, Southwood 1960, Shreeve 1995) scheinen hier in keiner adäquaten relativen Annäherung zu resultieren.

Ein weiterer Aspekt der Kolonisation ist die Etablierung. Sie wird von Hanski (1994a) in Form eines Kolonisierungsparameters y ausgedrückt (vgl. Kap. 3.2.3), der die Anzahl Immigranten in einen Patch beschreibt, die benötigt wird, um eine 50%ige Etablierungswahrscheinlichkeit zu erreichen. Die im Rahmen der hier vorgestellten Arbeit durchgeführten Simulationen zeigten, daß die Etablierungsparameter, je nach Art, bei etwa 10 bis 30 lagen und somit z.T. doch unerwartet hoch sind (vgl. Tab. 4.7 und 4.8; sowie Auswirkungen in Kap. 5.2.3). Die Gründe für diesen Effekt können z.B. darin liegen, daß nicht jedes einwandernde Individuum weiblich ist und somit in der Lage wäre eine neue Kolonie zu gründen, oder daß Umweltfaktoren (wie Landnutzung, in vorliegendem Fall z.B. durch Mahd) die Erfolgsrate kolonisierender Individuen reduzieren (weitere Diskussion in Hanski et al. 1994). Eine indirekte Quantifizierung der Kolonisationsfähigkeit kann über die Kontrolle vormals unbesetzter Patches erfolgen, die nach gewissen Zeitabschnitten besiedelt worden sein könnten. Dieses Vorgehen kombiniert Mobilität und spezifische Kolonisationsfaktoren (Beispiele in C.D.Thomas et al. 1992, C.D.Thomas & Jones 1993).

Ein phänomenologischer Ansatz für die Quantifizierung regionaler Extinktionsrisiken und Kolonisierungswahrscheinlichkeiten besteht in fundierten Anwesenheits-/Abwesenheits-Erfassungen. Darauf basierende Inzidenz-Modelle wurde von Hanski (1994a) hergeleitet und stellen eine indirekte Möglichkeit dar, um lokale Extinktionswahrscheinlichkeiten und wesentliche Kolonisierungsfaktoren abzuschätzen. Dieses Grundkonzept bildete die Basis für das hier entwickelte Rasterdatenmodell (vgl. Kap. 3). Somit waren Quantifizierungen der Mobilitäten in erster Näherung möglich geworden. Für *G. nausithous*, *G. teleius* und *L. dispar* kann davon ausgegangen werden, daß ca. 40%, 30% bzw. 70% der Individuen einer Population dieser Arten in der Lage sind, mindestens 2 km weit zu gelangen und ungefähr jeweils 10%, 5% bzw. 40% dürften sogar in der Lage sein, 5 km zu erreichen.

Schritte zu demographischen Populationsgefährdungskategorien

Neben einigen generellen Aussagen zur Bedeutung der Metapopulationskonzeption für den Naturschutz, die für Tagfalter (z.B. New et al. 1995; vgl. Kap. 4.1) wie für viele andere Gruppen gültig sind, fehlen für eine demographisch orientierte Klassifikation noch bei weitem zu viele Daten (erste Ansätze für Arten der Untergattung *Maculinea* siehe J.A. Thomas, 1995, oder Settele et al., 1995). Daher müssen weitere demographische Studien an einer größeren Zahl von Arten durchgeführt werden. Um in Richtung auf die erwähnten Modell-Module weiterzukommen, wurde in Settele & Poethke (1996) eine erste Unterteilung vorgeschlagen. Die Haupteinheiten bestehen aus den bereits besprochenen Faktoren (Populations-dichte und -größe, Mobilität etc.), welche wiederum in Untereinheiten oder Sub-Module un-terteilt sind. Die Vorschläge für die Quantifizierungen resultierten entweder aus Diskussionen mit Fachkollegen oder von ersten Analysen von Mobilitätsdaten in der Literatur (Settele et al. 1996a) bzw. den Simulationen die im Rahmen dieser Fallstudie durchgeführt wurden.

Basierend auf den Ausführungen dieses Kapitels, wären folgende Kriterien der Arten-auswahl für die Zwecke der Entwicklung einer demographischen Klassifikation zu beachten:

- die Arten sollten ein breites Spektrum geographischer Bedingungen, von kleinen bzw. isolierten bis zu großen bzw. kontinuierlichen Populationen abdecken (hohe Priorität bei nationaler Forschung, wenn entsprechende Bedingungen in Deutschland gut vertreten);
- das ausgewählte Arten-Ensemble sollte verschiedene Typen von Mobilität und Popula-tionsschwankungen mit umfassen;
- Arten sollten von Naturschutzrelevanz sein (höhere Priorität für international als gefährdet betrachtete Arten, für die Populationen in Deutschland einen substantiellen Anteil an der Gesamtverbreitung einnehmen, geringere Priorität für Arten, die lediglich auf einem regionalen Maßstab als gefährdet gelten).

Die ersten Fallstudien zur Implementierung dieses Klassifikationskonzeptes sollten sich auf Arten konzentrieren, für die gute biologische wie ökologische Kenntnisse vorhanden sind und bei denen keine größeren methodischen Probleme zu erwarten sind (z.B. bei der Abgrenzung potentieller Habitate sowie Nachweisen der Anwesenheit der Art).

5.4 Modelle im Naturschutz (ein Schlußkommentar)

Nach Poethke et al. (1996b) sind alle Modelle, die das Überleben von Populationen auf einem Landschaftsniveau vorhersagen, sehr datenintensiv. Im Naturschutz tätige Biologen hingegen haben sich oft zeitlichen wie finanziellen Engpässen zu stellen. In solchen Situationen lassen sie sich teilweise berechtigterweise nur schwer zu relativ verbindlichen Aussagen hinreißen, zumal sie sich aufgrund der schlechten Datenbasis zu selbigen nicht in der Lage fühlen.

Die Naturschutzforschung stellt eine Krisendisziplin dar (Maguire 1991), die aber wis-senschaftlich so fundiert wie möglich arbeiten sollte. Hierfür stehen mittlerweile umfangrei-che, umsetzungsrelevante theoretische Grundlagen zur Verfügung (Poethke et al. 1996b). Es führt kein Weg daran vorbei, sich mit der Modellanwendung auseinanderzusetzen und An-nahmen auf Basis des bestmöglichen Wissens (auch bei nur begrenzt vorliegenden empiri-schen Daten) zu treffen. Dies wurde auch im Rahmen dieser Arbeit versucht, um Wege auf-zuzeigen, wie aus begrenzt verfügbaren Freilanddaten dennoch für die Anwendung im Natur-schutz einsetzbare Prinzipien erarbeitet werden können.

Tabelle 5.1: Vorschlag für eine hierarchische Klassifikation
demographischer Modell-Module für Tagfalter

[nach Settele & Poethke 1996, erweitert und ergänzt um die Einordnung der im Rahmen der vorliegenden Studie
näher untersuchten drei Arten, sowie in einigen Fällen um die weiteren drei Arten der Untergattung *Maculinea*,
nämlich *G. rebeli, G. alcon* und *G. arion* (Datenbasis Kockelke et al. 1994, Pauler et al. 1995, Pauler-Fürste et
al. 1996, Settele et al. 1995, Nunner pers. Mitt.)]

---

1 Populationsdichte
    1.1 geringe Dichte (< 300 Adulte/ha) [*G. arion, G. teleius, L. dispar*]
    1.2 hohe Dichte (> 300 Adulte/ha) [*G. nausithous, G. rebeli, G. alcon*]

---

2 Populationsdichteschwankungen und Extinktion
    2.1 Schwankungen vor allem aufgrund demographischer Effekte
    2.2 Zufällige Schwankungen aufgrund von Umweltfaktoren
        2.2.1 Intensität und Häufigkeit der Schwankungen
            2.2.1.1 Geringe Schwankungen (in 10 Jahren maximale Schwankungen unter 200%
                des Mittelwertes) [*G. arion, G. rebeli, G. alcon*]
            2.2.1.2 Mittlere Schwankungen (in 10 Jahren maximale Schwankungen über 200%
                und unter 1000% des Mittelwertes) [*G. nausithous, G. teleius, L. dispar*]
            2.2.1.3 Hohe Schwankungen (in 10 Jahren maximale Schwankungen über 1000%
                des Mittelwertes)
        2.2.2 Räumliche Korrelation der Schwankungen
            2.2.2.1 Schwankungen lokaler Populationen sind nicht korreliert [*G. nausithous,*
                G. teleius, G. arion]
            2.2.2.2 Populationsdichten innerhalb einer Region schwanken ± synchron [*G. rebeli,*
                G. alcon, L. dispar]
    2.3 Lokale Extinktion tritt regelmäßig auf (z.B. aufgrund von Sukzession oder Landnutzung)
        2.3.1 Durchschnittliche Überlebensdauer < 3 Jahre (extrem ephemere Habitate) [*G. nausithous,*
            L. dispar]
        2.3.2 Durchschnittliche Überlebensdauer 3 bis < 10 Jahre [*G. teleius*]
        2.3.3 Durchschnittliche Überlebensdauer 10 bis < 30 Jahre [*G. arion, G. rebeli, G. alcon*]
        2.3.4 Durchschnittliche Überlebensdauer > 30 Jahre (sehr stabile bzw. konstante Habitate)

---

3 Mobilität
    3.1 Qualitativ
        3.1.1 Adulte erreichen lediglich < 3 km entfernte Patches
        3.1.2 Adulte erreichen > 3 aber max. < 10 km entfernte Patches [*G. teleius, G. rebeli, G. alcon*]
        3.1.3 Adulte erreichen > 10 km entfernte Patches [*G. nausithous, L. dispar*]
    3.2 Quantitativ
        3.2.1 Arten mit hoher Mobilität (mind. 10% einer Population erreichen 5 km entfernte Patches)
            [*G. nausithous, L. dispar*]
        3.2.2 Arten mit geringer Mobilität (> 90% einer Population bleiben in Umkreis von 5 km)
            [*G. teleius, G. alcon, G. rebeli*]

---

4 Kolonisierungs-Potential
(y = Kolonisierungsparameter im Sinne von Hanski 1994a = Adulte, die einen Patch erreichen müssen, sich aber
nicht notwendigerweise dort niederlassen, um eine 50%ige Kolonisierungswahrscheinlichkeit zu erreichen;
Quantifizierung nur durch große Datensätze möglich)
    4.1 Arten mit hoher Kolonisierungsfähigkeit (y < 10)
    4.2 Arten mit mittlerer Kolonisierungswahrscheinlichkeit (y = 10-20) [*L. dispar*]
    4.3 Arten mit geringer Kolonisierungswahrscheinlichkeit (y > 20) [*G. nausithous, G. teleius*]

---

6 Zusammenfassung

6.1 Metapopulationskonzept und Modellentwicklung

Die Untersuchung räumlicher Beziehungen von Populationen liefert wesentliche Grundlagen für die Interpretation lokal auftretender aber nicht zwangsläufig direkt lokal verständlicher Prozesse, wie z.B. von Extinktion und Kolonisation. Die Metapopulationstheorie und verschiedene darauf basierende Modellvorstellungen haben wesentlich zur Verbesserung des Verständnisses von Prozessen im regionalen und überregionalen Maßstab beigetragen. Der derzeitige Stand der Diskussion zu diesem Themenbereich wird in Kap. 2 zusammengefaßt.

Für die Analyse im Landschaftsmaßstab wird ein Modell entwickelt, das im Wesentlichen auf den theoretischen Grundlagen der Metapopulationsmodelle von Hanski und Poethke basiert. Im Gegensatz zu diesen wird es aber ausgerichtet auf Rasterdaten, da dies zum einen die am weitesten verbreiteten und in vielen Maßstäben vorliegenden bzw. leicht anzufertigenden Datengrundlagen im Zusammenhang mit der Verteilung von Organismen in der Landschaft sind, und zum anderen auf dieser Basis Vereinfachungen ansonsten wesentlich komplexerer Sachverhalte in objektiv nachvollziehbarer Weise möglich sind.

Grundlage des gesamten Ansatzes sind Anwesenheits-/Abwesenheits-Daten über einige Generationen, woraus sich die **Inzidenz** der Einzel- bzw. Teilpopulationen, als Maß für die **Überlebenswahrscheinlichkeit**, ergibt. Diese Inzidenz liegt zwischen 0 und 1 und ist das Ergebnis von Extinktions- und Kolonisationsereignissen. Traten solche im Untersuchungszeitraum nicht auf, waren die Habitate stets unbesetzt (Inzidenz = 0) oder stets besetzt (Inzidenz = 1). Diese tatsächlich beobachtete Inzidenz wird einer durch das Modell pronostizierbaren Inzidenz gegenübergestellt, die entsprechend den Grundüberlegungen der Metapopulationstheorie sich berechnen läßt aus der **Extinktion**, die abhängig ist von der **Kapazität** des Habitates, und der **Kolonisation**, die sich ihrerseits wiederum aus den beiden Faktoren **Erreichbarkeit** des Habitates und **Etablierung** im Habitat zusammensetzt.

Die Kapazität eines Habitates (bzw. Quadranten) wird im Modell über die dort anzutreffende durchschnittliche Populationsgröße quantifiziert. Dies wurde in zwei Varianten durchgeführt, zum einen auf Basis lediglich der Populationsgröße der Generationen, in denen das Habitat besetzt war, zum anderen auf Basis aller (potentiellen) Generationen, zu denen Erfassungsdaten vorliegen (vgl. Kap. 3.2.2). Die darauf aufbauende Berechnung der Extinktionswahrscheinlichkeit folgt der Gleichung (3.10), wobei die Abhängigkeit von der Kapazität im Wesentlichen durch einen spezifischen Extinktionsparameter e geprägt ist (vgl. Abb. 4.5c). Der zentrale im Grundmodell (siehe Anhang 2) errechnete Parameter ist die Anzahl Immigranten, die in eine Fläche (Quadranten) gelangen (also die Erreichbarkeit). Diese ist abhängig von der Populationsgröße in allen potentiellen Ausgangsquadranten, der mathematischen Formulierung des Migrationspotentials (Gl. 3.6) und einer festzulegenden maximalen Reichweite der Tiere. Wesentlich ist hierbei die im Programm berücksichtigte „Ausdünnung" der „Migranten"-Dichte in der Landschaft, die in der Möglichkeit der beliebigen Richtungswahl (360°) und die mit zunehmender Entfernung anwachsende Gesamtfläche begründet liegt (vgl. Kap. 3.2.2).

Die verschiedenen im Grundmodell berechneten Größen (Kapazität, Anzahl Immigranten und beobachtete Inzidenz) liefern die Eingangsdaten für eine Tabellenkalkulation (Tab. 3.1), bei der Inzidenzen prognostiziert (siehe Kap. 3.2.3) und den beobachteten gegenübergestellt werden. Sind die oben genannten Parameter alle quantifizierbar, müßte die prognostizierte Inzidenz mit der beobachteten weitgehend übereinstimmen. Sind nicht für alle Parameter Daten verfügbar, und davon ist praktisch immer auszugehen, können für die unbekannten Parameter verschiedene Werte angenommen und über die eine Tabellenkalkulation (vgl. Tab. 3.1) durchgespielt werden. Die Parameterkonstellationen, die den vor Ort vorgefundenen Sachverhalt am besten beschreiben (Plausibilität), werden als realitätsnäher betrachtet, als solche, die dies nicht tun. Dies kann bei einer größeren Zahl von Unbekannten durchaus zu mehreren ähnlich plausiblen Lösungen führen, weshalb es immer anzustreben ist, durch Freilandforschung möglichst viele Daten zu ermitteln, um die Anzahl plausibler Lösungen zu reduzieren und damit für die sonst nur schwer ermittelbaren Parameter (wie z.B. die Etablierung) bessere Näherungen zu erreichen.

Inzidenzangaben sollten für die Mehrzahl der im jeweiligen Gebiet vorhandenen Habitate, bzw. der das Gebiet abdeckenden Quadranten, vorliegen. Ebenso sollte die zu analysierende Art in zahlreichen der potentiellen Habitate auch gelegentlich vorkommen. Sind nur wenige Habitate überhaupt jemals besetzt und diese zudem noch in Teilbereichen konzentriert, wird es eine Vielzahl von Parameterkonstellationen geben, die die vorgefundenen Verhältnisse ähnlich gut beschreiben. Hierbei sind die gewonnen Resultate nur begrenzt brauchbar. Die Wahl des Anteils besetzter Habitate kann aber einfach über die Auswahl des zu analysierenden Landschaftsausschnitts gesteuert werden.

Das Modell kann für jede beliebige Quadrantengröße über die Definiton der entsprechenden Kantenlänge (z.B. 50 m oder 5 km) prinzipiell eingesetzt werden. Ebenso kann es genutzt werden, um beobachtete Wiederfangereignisse bei Mobilitätsstudien in entsprechende Mobilitätsfunktionen (zumindest als erste Näherung) umzusetzen. Hierfür muß lediglich das betreffende Untersuchungsgebiet angemessen gerastert werden (vgl. Kap. 4.2.5).

6.2 Einsatz des Modells am Beispiel von Tagfaltern

Das Modell wird beispielhaft illustriert anhand siebenjähriger Daten zu den drei Tagfalterarten *Glaucopsyche nausithous* (Dunkler Wiesenknopf-Ameisenbläuling), *Glaucopsyche teleius* (Heller Wiesenknopf-Ameisenbläuling) und *Lycaena dispar* (Großer Feuerfalter) aus der Pfälzischen Rheinebene. Alle drei Arten sind Bewohner von Grünland, also agrarisch genutzten Habitaten, die einer hohen Dynamik unterliegen. Sie werden als regional wie überregional äußerst gefährdet und somit naturschutzrelevant eingestuft. Die Arten unterscheiden sich im regionalen Verbreitungsbild, in ihren Populationsdichten und, soweit einschätzbar, generell in ihren Überlebensstrategien. Eine Analyse der Extinktions- und Kolonisationsverhältnisse zeigt, daß alle drei Arten in der Untersuchungsregion die Kriterien typischer Metapopulationen erfüllen (vgl. Tab. 4.5, Tab. 4.6 und Kap 4.3.4).

Da für Tagfalter generell nur nur sehr vereinzelt Angaben zur Metapopulationsdynamik einer Art vorliegen, die es erlauben würden, von einer umfassenden Kenntnis der in diesem Zusammenhang wesentlichen Faktoren und deren quantitativer Ausprägung in einem größeren geographischen Rahmen zu sprechen (Analyse in Kap. 4.1), liefert der vorgestellte Modelleinsatz Möglichkeiten, diese Faktoren im relevanten Maßstab für die analysierten

Arten einzugrenzen und somit zu einer Verbesserung des Verständnisses der Prozesse auf der Landschaftsebene beizutragen.

Am Beispiel der erwähnten Tagfalter wurden Parameterkonstellationen bei verschiedenen Ausgangsdaten und verschiedenen aus der Metapopulationstheorie abgeleiteten Grundannahmen durchgespielt. Ein Vergleich von zwei Kapazitätsberechnungsverfahren führte bei allen Konstellationen unter Einbeziehung aller Populationsgrößen aller Generationen zu besseren Resultaten als bei der sonst üblichen Berechnung unter ausschließlicher Berücksichtigung der besetzten, was in der Dynamik der Habitateignung begründet liegt. Populationsgrößenschätzungen, bei denen die auf Basis einer einmaligen halbstündigen Transektbegehung (unter optimalen Aktivitätsbedingungen für die Tiere) gezählte Individuenzahl mit einem festen Faktor multipliziert wurde, ergaben bei einer Multiplikation mit 25 etwas bessere Näherungen als bei Multiplikation mit 10 oder 40. Dieser Punkt ist bei der konkreten Anwendung des Modells zentral. Hier sollten für weitere Vorhaben bessere Schätzungen vorliegen. Die Verwendung zweier verschiedener Berechnungsverfahren zur Prognose der Inzidenz (Gl. 3.7 und 3.8) lieferten annähernd identische Ergebnisse, woraus zu folgern ist, daß ein "rescue-effect", von dem in Gleichung (3.8) ausgegangen wird, bei den vorliegenden Verhältnissen nur von geringer Relevanz sein dürfte.

Liegen nur reine Anwesenheits-/Abwesenheits-Angaben vor, sind die Kapazitäten und Populationsgrößen pro Jahr identisch. Über mehrere Generationen gemittelt resultiert daraus eine überall einheitliche Kapazität (wenn diese lediglich auf Basis der Phasen der Habitatbesetzung eingeschätzt wird), bzw. es werden die Kapazitätsunterschiede (bei anderer Berechnungsbasis) genauso wie die Unterschiede in den Populationsgrößen nivelliert. Dies hat einen wesentlichen Einfluß auf die absolute Anzahl der das jeweilige Habitat verlassenden Individuen. Simulationen im Rahmen dieser Arbeit zeigen, daß aus quantitativen Basisdaten ein differenzierenderes Bild resultiert als aus nur qualitativen (vgl. Abb. 5.1 bis 5.6).

Für die drei analysierten Arten ergibt die Zusammenschau der besten Simulationsergebnisse (Tab. 4.8), daß *G. nausithous* die höchste Anzahl Immigranten braucht, um ein Habitat erfolgreich zu besiedeln, daß die Art eine mittlere Mobilität aufweist und daß sie höhere Habitatkapazitäten benötigt, um ein ähnlich geringes Extinktionsrisiko aufzuweisen als die beiden anderen, bezüglich dieses Faktors als ähnlich einzustufenden Arten. *G. teleius* benötigt eine mittlere Anzahl Immigranten zur erfolgreichen Etablierung, *L. dispar* die wenigsten. *G. teleius* weist die geringste, *L. dispar* die höchste Mobilität im Gebiet auf. Da die vorgefundenen Populationsgrößen bei *L. dispar* allerdings die mit Abstand geringsten der drei Arten waren, resultiert daraus dennoch im Freiland eine höhere Aussterbewahrscheinlichkeit für diese Art als für *G. nausithous* oder *G. teleius*, welche jedoch wiederum durch die höhere Mobilität und das bessere Etablierungspotential kompensiert wird. Zusammengefaßt zeichnen sich für die drei Arten als Strategien ab: Überleben durch hohe Populationsdichten für *G. nausithous*, die durch immer noch vergleichsweise hohe Mobilitäten das geringere Etablierungspotential und die bei vergleichbarer Kapazität höhere Extinktionswahrscheinlichkeit kompensiert. Überleben durch hohe Mobilität und relativ großen Etablierungserfolg bei *L. dispar*, was die geringen Populationsdichten kompensiert. Überleben durch hohe Populationsdichten im Prinzip auch bei *G. teleius*. Im Vergleich zu *G. nausithous* zeichnet sich *G. teleius* aber durch größere Konstanz (geringere Extinktionswahrscheinlichkeit) und geringere Mobilität aus.

6.3   Umsetzungs- und Anwendungsrelevanz

Aus den konkreten Daten lassen sich verschiedene Szenarien für eine Vielzahl von Fragestellungen durchspielen, die mit den analysierten Parametern in Zusammenhang stehen. Beispielhaft wurden hierfür die Kolonisationswahrscheinlichkeiten aller 500 m-Quadranten des gesamten Untersuchungsgebietes durch die drei Tagfalterarten für Zeiträume von 5 bzw. 25 Jahren in den Abb. 5.1 bis 5.6 graphisch aufgearbeitet. Es wird deutlich, daß für *G. teleius* die Isolation eine große Rolle spielt, da selbst nach 25 Jahren nur die nähere Umgebung durch die Art mit brauchbarer Wahrscheinlichkeit besiedelbar ist. D.h., wenn Maßnahmen z.B. des Habitatmangements auf diese Art abzielen würden, müssen sie in diesem engen Bereich stattfinden. Erst wenn diese Bereiche besiedelt sind, besteht die Chance einer weiteren Ausbreitung. Potentiell geeignete Habitate in größerer Entfernung von den derzeitigen Vorkommen sind also für die Art unerreichbar. Für *L. dispar* dürfte die Isolation *per se* relativ unwichtig sein. Hingegen sind die geringen Populationsdichten ein zentraler Faktor. Für die Art sind daher Habitate mit größeren Populationen von zentraler Bedeutung. Lediglich *G. nausithous* dürfte ohne größere Probleme im Prinzip in der Lage sein, geeignet werdende Habitate im gesamten Gebiet innerhalb einiger Jahre zu besiedeln.

Dieses Beispiel verdeutlicht die Einsetzbarkeit des vorgestellten Rasterdatenmodells für konkrete Fragestellungen (z.B. im Zusammenhang mit Habitatverbundkonzeptionen oder der Eingriffsplanung, beispielsweise im Hinblick auf Ausgleichsmaßnahmen und Besiedlungspotential neu geschaffener Habitate). Die aus dem Modell resultierende grundsätzliche Möglichkeit der Quantifizierung von Parametern auf Landschaftsebene kann aber generell für viele Arten Grunddaten für „Modell-Module" liefern (vgl. Kap. 5.3.2 und Tab. 5.1). Auf deren Basis könnten dann bereits bei Vorliegen von guten Rasterkarten einfache Szenarien der räumlichen Konstellationen von Populationen, ähnlich der hier durchgeführten, erfolgen.

7 Literatur

Akçakaya, H.R. & L.R. Ginzburg (1991): Ecological risk analysis for single and multiple populations. In A. Seitz & V. Loeschke (eds.), *Species Conservation: A Population-Biological Approach*. Birkhäuser, Basel, 78-87.

Amler, K., F. Lohrberg & G. Kaule (1996): Implementation of FIFB results in environmental planning. In J. Settele, C. Margules, P. Poschlod & K. Henle (eds.), *Species Survival in Fragmented Landscapes*. Kluwer, Dordrecht, 363-372.

Bender, C., H. Hildenbrandt, K. Schmidt-Loske, V. Grimm, C. Wissel & K. Henle (1996): Consolidation of vineyards, mitigations, and survival of the common wall lizard (*Podarcis muralis*) in isolated habitat fragments. In J. Settele, C. Margules, P. Poschlod & K. Henle (eds.), *Species Survival in Fragmented Landscapes*. Kluwer, Dordrecht, 248-261.

Begon, M. (1979): *Investigating Animal Abundance: Capture-Recapture for Biologists*. Willmer, Birkenhead.

Bink, F.A. (1994): *Ecologische Atlas van de Dagvlinders van Noordwest-Europa*. Schuyt, Haarlem.

Blab, J. & O. Kudrna (1982): *Hilfsprogramm für Schmetterlinge*. Kilda, Greven.

Blab, J. & E. Nowak (1983): Grundlagen, Probleme und Ziele der Roten Listen der gefährdeten Arten. *Natur und Landschaft* **58**, 3-8.

Blab, J. & E. Nowak (1989): Bewertung der Fragen einer Fortschreibung der Roten Listen. In J. Blab & E. Nowak (Hrsg.), Symposium - Zehn Jahre Rote Liste gefährdeter Tierarten in der Bundesrepublik Deutschland. *Schriftenreihe für Landschaftspflege und Naturschutz* **29**, 304-306.

Bläsius, R., E. Blum, P. Fasel, M. Forst, W. Hasselbach, H. Kinkler, W. Kraus, J. Rodenkirchen, R.U. Roesler, W. Schmitz, H. Steffny, G. Swoboda, M. Weitzel & W. Wipking (1987): *Rote Liste der bestandesgefährdeten Schmetterlinge (Lepidoptera; Tagfalter, Spinnerartige, Eulen, Spanner) in Rheinland-Pfalz*. Ministerium für Umwelt und Gesundheit, Mainz.

Brown, E.S. (1951): The relation between migration rate and type of habitat in aquatic insects, with special reference to certain species of Corixidae. *Proceedings of the Zoological Society London* **121**, 539-545.

Brunzel, S. & M. Reich (1996): Untersuchungen zur Metapopulationsstruktur des Roten Scheckenfalters (*Melitaea didyma* Esper 1779) auf der Schwäbischen Alb. *Zeitschrift für Ökologie und Naturschutz* **5**, 243-253.

Bunce, R.G.H. & D.C. Howard (1990): *Species Dispersal in Agricultural Habitats*. Belhaven, London.

Burgman, M.A., S. Ferson & H.R. Akçakaya (1993): *Risk Assessment in Conservation Biology*. Chapman & Hall, London.

Caughley, G. (1980): *Analysis of Vertebrate Populations* (2nd edn.). Wiley, Chichester.

Caughley, G. & A. Gunn (1996): *Conservation Biology in Theory and Practice*. Blackwell, Cambridge.

COUNCIL OF EUROPE (1989): Texts adopted by the COUNCIL OF EUROPE in the field of conservation of European wildlife and natural habitats. *Nature and Environment Series* **40**, 1-74.

COUNCIL OF EUROPE (1990): Colloquy on the Berne Convention on invertebrates and their conservation. *Environmental Encounters* **10**, 1-76.

COUNCIL OF EUROPE (1992): Conserving and managing wetlands for invertebrates. *Environmental Encounters* **14**, 1-130.

Dawson, D. (1994): Are habitat corridors conduits for animals and plants in a fragmented landscape? *English Nature Research Reports* **94**, 1-89.

deLattin, G., H. Jöst & R. Heuser (1957): Die Lepidopteren-Fauna der Pfalz. A. Systematisch-chorologischer Teil. I. Tagfalter (Rhopalocera und Grypocera). *Mitteilungen der Pollichia* **3** (4), 51-167.

den Boer, P.I. (1968): Spreading risk and stabilization of animal numbers. *Acta Biotheoretica* **18**, 165-194.

den Boer, P.I. (1981): On the survival of populations in a heterogeneous and variable environment. *Oecologia* **50**, 39-53.

den Boer, P.I. (1990): The survival value of dispersal in terrestrial arthropods. *Biological Conservation* **54**, 175-192.

den Boer, P.J. (1993): Are the fluctuations of animal numbers regulated or stabilized by spreading of risk? In P.J. den Boer, P.J. Mols & J. Szyszko (eds.), *Dynamics of Populations*. Warsaw Agricultural University, 23-28.

Dempster, J.P. (1983): The natural control of populations of butterflies and moths. *Biological Revues* **58**, 461-481.

Ebert, G. & E. Rennwald (1991a): *Die Schmetterlinge Baden-Württembergs. Band 1: Tagfalter I.* Ulmer, Stuttgart.

Ebert, G. & E. Rennwald (1991b): *Die Schmetterlinge Baden-Württembergs. Band 2: Tagfalter II.* Ulmer, Stuttgart.

Ehrlich, P.R. (1961): Intrinsic barriers to dispersal in the checkerspot butterfly. *Science* **134**, 108-109.

Ehrlich, P.R., R.R. White, M.C. Singer, S.W. McKechnie & L. Gilbert (1975): Checkerspot butterflies: a historical perspective. *Science* **188**, 221-228.

Ehrlich, P.R., D.D. Murphy, M.C. Singer, C.B. Sherwood, R.R. White & I.L. Brown (1980): Extinction, reduction, stability and increase: the responses of checkerspot butterfly (*Euphydryas*) populations to the California drought. *Oecologia* **46**, 101-105.

Ehrlich, P.R. & D.D. Murphy (1987): Conservation lessons from longterm studies of checkerspot butterflies. *Conservation Biology* **1**, 122-131.

Ellenberg, H. (1985): How to use species-area relationships to compare grid-mapping results from different grid sizes. *Proceedings of the 8th International Conference on Bird Census Work and the 6th Meeting of the European Ornithological Atlas Committee.*

Emmet, A.M. & J. Heath (1989): *The Moths and Butterflies of Great Britain and Ireland. Volume 7, Part 1.* Harley, Colchester.

Erz, W. (1983): Artenschutz im Wandel, konkrete und quantifizierte Vorstellungen für veränderte Strategien. *Umschau* **83/11**, 695-700.

EU (1992): Richtlinie des Rates zur Erhaltung der natürlichen Lebensräume sowie der wildlebenden Tiere und Pflanzen - FFH-Richtlinie (Richtlinie 92/43/EWG vom 21. Mai 1992). *Amtsblatt der Europäischen Gemeinschaften* **L 206**, 7-50.

Feldmann, R., K. Henle & J. Settele (1995): Applicability of mark-recapture methods to butterfly conservation research. In J.A. Bissonette & P.R. Krausman (eds.), *Integrating People and Wildlife for a Sustainable Future. Proceedings of the First International Wildlife Management Congress.* The Wildlife Society, Bethesda, 624-626.

FIFB (1993): Bedeutung von Isolation, Flächengröße und Biotopqualität für das Überleben von Tier- und Pflanzenpopulationen in der Kulturlandschaft am Beispiel von Trockenstandorten. *Zeitschrift für Ökologie und Naturschutz* **2**, 58-60.

Fisher, R.A. & E.B. Ford (1947): The spread of a gene in natural conditions in a colony of the moth *Panaxia dominula* (L.). *Heredity* **1**, 143-174.

Fitter, R. & M. Fitter (1987): *The Road to Extinction. Problems of categorizing the status of taxa threatened with extinction.* IUCN, Gland.

Flacke, W. (1985): Flächenbezogene Auswertung von Rasterdaten mit Computerkarten. *Natur und Landschaft* **60**, 486-489.

Foley, P. (1994): Predicting extinction times from environmental stochasticity and carrying capacity. *Conservation Biology* **8**, 124-137.

Foose, T.J., L. deBoer, U.S. Seal & R. Lande (1995): Conservation management strategies based on viable populations. In J.D. Ballou, M. Gilpin & T.J. Foose (eds.), *Population Management for Survival and Recovery*. Columbia University Press, New York, 273-294.

Frank, K. & U. Berger (1996): Metapopulation und Biotopverbund: Eine kritische Betrachtung aus Sicht der Modellierung. *Zeitschrift für Ökologie und Naturschutz* **5**, 151-160.

Frank, K., M. Drechsler & C. Wissel (1994): Überleben in fragmentierten Lebensräumen - Stochastische Modelle zu Metapopulationen. *Zeitschrift für Ökologie und Naturschutz* **3**, 167-178.

Fry, G.L. (1994): Quantifying effects of landscape connectivity and permeability on farmland. In J.W. Dover (ed.), *Fragmentation in Agricultural Landscapes*. IALE, Colin Cross Printers, Garstang, 121-128c.

Gall, L.F. (1985): Measuring the size of Lepidopteran populations. *Journal of Research on the Lepidoptera* **24**, 97-116.

Garbe, H. (1993): Hinweise zum Schutz des gefährdeten „Dunklen Ameisenbläulings" *Maculinea nausithous* BERGSTR. 1779 (Lepidoptera: Lycaenidae). *Nachrichten des entomologischen Vereins Apollo, Frankfurt/Main, N.F.* **14**, 33-39.

Gaston, K.J. (1994): *Rarity*. Chapman & Hall, London.

Gazey, W.J. & M.J. Staley (1986): Population estimates from mark-recapture experiments using a sequential Bayes algorithm. *Ecology* **67**, 943-951.

Geiger, M., G. Preuß & K.-H. Rothenberger (1991): *Der Rhein und die Pfälzische Rheinebene*. Verlag Pfälzische Landeskunde, Landau.

Geißler, S. & J. Settele (1990): Zur Ökologie und zum Ausbreitungsverhalten von *Maculinea nausithous*, BERGSTRÄSSER 1779 (Lepidoptera, Lycaenidae). *Verhandlungen Westdeutscher Entomologen-Tag 1989*, Düsseldorf, 187-193.

Gottschalk, E. (1996): Population vulnerability of the grey bush cricket *Platycleis albopunctata* (GOEZE, 1778) (Ensifera: Tettigoniidae). In J. Settele, C. Margules, P. Poschlod & K. Henle (eds.), *Species Survival in Fragmented Landscapes*. Kluwer, Dordrecht, 324-328.

Griebeler, E.M., R. Pauler & H.J. Poethke (1995): *Maculinea arion* (Lepidoptera: Lycaenidae): ein Beispiel für die Deduktion von Naturschutzmaßnahmen aus einem Modell. *Verhandlungen der Gesellschaft für Ökologie* **24**, 201-206.

Groombridge, B. (1993): *1994 IUCN Red List of Threatened Animals*. IUCN, Gland.

Gruttke, H. (1996): Berner Konvention und wirbellose Tiere - Expertengruppe der Berner Konvention zum Schutz von Invertebraten - noch ein Debattierclub oder mehr? *Natur und Landschaft* **71**, 7-11.

Haeupler, H. (1970): Die Kartierung der Flora Mitteleuropas. Ein kurzer Überblick über Ziele, Methoden und Organisation. *Decheniana* **122**, 323-336.

Hanski, I. (1982): Dynamics of regional distributions: the core and satellite species hypothesis. *Oikos* **38**, 210-221.

Hanski, I. (1994a): A practical model of metapopulation dynamics. *Journal of Animal Ecology* **63**, 151-162.

Hanski, I. (1994b): Patch-occupancy dynamics in fragmented landscapes. *TREE* **9**, 131-135.

Hanski, I. (1994c): Spatial scale, patchiness and population dynamics on land. *Philosophical Transactions of the Royal Society of London B* **343**, 19-25.

Hanski, I. & M. Gilpin (1991): Metapopulation dynamics: brief history and conceptual domain. *Biological Journal of the Linnean Society* **42**, 3-16.

Hanski, I. & M. Gyllenberg (1993): Two general metapopulation models and the core-satellite species hypothesis. *American Naturalist* **142**, 17-41.

Hanski, I. & C.D. Thomas (1994): Metapopulation dynamics and conservation: a spatially explicit model applied to butterflies. *Biological Conservation* **68**, 167-180.

Hanski, I., M. Kuussaari & M. Nieminen (1994): Metapopulation structure and migration in the butterfly *Melitaea cinxia*. *Ecology* **75**, 747-762.

Hanski, I., J. Pöyry, T. Pakkala & M. Kuussaari (1995a): Multiple equilibria in metapopulation dynamics. *Nature* **377**, 618-621.

Hanski, I., T. Pakkala, M. Kuussaari & G. Lei (1995b): Metapopulation persistence of an endangered butterfly in a fragmented landscape. *Oikos* **72**, 21-28.

Hanski, I., A. Moilanen & M. Gyllenberg (1996): Minimum viable metapopulation size. *American Naturalist* **147**, 527-541.

Hansson, L., L. Fahrig & G. Merriam (1995): *Mosaic Landscapes and Ecological Processes*. Chapman & Hall, London.

Harrison, S. (1991): Local extinction in a metapopulation context: an empirical evaluation. *Biological Journal of the Linnean Society* **42**, 73-88.

Harrison, S. (1994): Metapopulations and conservation. In P.J. Edwards, R.M. May & N.R. Webb (eds.), *Large Scale Ecology and Conservation Biology* (35th Symposium of the British Ecological Society). Blackwell, Oxford, 111-128.

Harrison, S., D.D. Murphy & P.R. Ehrlich (1988): Distribution of the Bay Checkerspot Butterfly, *Euphydryas editha bayensis*: evidence for a metapopulation model. *American Naturalist* **132**, 360-382.

Harrison, S., J.F. Quinn, J.F. Baughman, D.D. Murphy & P.R. Ehrlich (1991): Estimating the effects of scientific study on two butterfly populations. *American Naturalist* **137**, 227-243.

Hassler, M. (1986): *Lokalfauna von Bruchsal und Umgebung, Band 3, Schmetterlinge*. AGNUS und BUND Ortsgruppe, Bruchsal.

Heath, J. (1971): *European Invertebrate Survey - Instructions for Recorders*. Biological Records Centre, Abbots Ripton.

Heath, J. (1981): Threatened Rhopalocera (Butterflies) in Europe. *Beihefte der Veröffentlichungen für Naturschutz und Landschaftspflege Baden Württemberg* **21**, 217-218.

Henle, K. (1994): Naturschutzpraxis, Naturschutztheorie und theoretische Ökologie. *Zeitschrift für Ökologie und Naturschutz* **3**, 139-153.

Henle, K. & M. Mühlenberg (1996): Area requirements and isolation: Conservation concepts and application in Central Europe. In J. Settele, C. Margules, P. Poschlod & K. Henle (eds.), *Species Survival in Fragmented Landscapes*. Kluwer, Dordrecht, 111-122.

Henle, K. & K. Rimpp (1993): Überleben von Amphibien und Reptilien in Metapopulationen - Ergebnisse einer 26jährigen Erfassung. *Verhandlungen der Gesellschaft für Ökologie* **22**, 215-220.

Henle, K., J. Settele & G. Kaule (1995): Aufgaben, Ziele und erste Ergebnisse des „Forschungsverbunds Isolation, Flächengröße, Biotopqualität (FIFB)". *Verhandlungen Gesellschaft für Ökologie* **24**, 181-186.

Henle, K., P. Poschlod, C.R. Margules & J. Settele (1996): Species survival in relation to habitat quality, size, and isolation: Summary conclusions and future directions. In J. Settele, C. Margules, P. Poschlod & K. Henle (eds.), *Species Survival in Fragmented Landscapes*. Kluwer, Dordrecht, 373-381.

Heuser, R. (1958): Tagschmetterlinge der Hochmoore an Weihern und Woogen im Haardtgebirge. *Pfälzer Heimat* **9** (2), 97-98.

Hochberg, M.E., J.A. Thomas & G.W. Elmes (1992): The population dynamics of a Large Blue Butterfly, *Maculinea rebeli*, a parasite of red ant nests. *Journal of Animal Ecology* **61**, 397-409.

Hochberg, M.E., R.T. Clarke, G.W. Elmes & J.A. Thomas (1994): Population dynamic consequences of direct and indirect interactions involving a Large Blue Butterfly and its plant and red ant hosts. *Journal of Animal Ecology* **63**, 375-391.

Hovestadt, T., J. Roeser & M. Mühlenberg (1991): *Flächenbedarf für Tierpopulationen*. KFA, Jülich.

Huffacker, C.B. (1958): Experimental studies on predation: Dispersion factors and predator-prey oscillations. *Hilgardia* **27**, 343-383.

Huffacker, C.B., K.P. Shea & S.G. Herman (1963): Experimental studies on predation: Complex dispersion and levels of food in acarine predator-prey interaction. *Hilgardia* **34**, 305-320.

John, V. (1986): Verbreitungstypen von Flechten im Saarland - eine Orientierungshilfe für die Raumbewertung. *Aus Natur und Landschaft im Saarland (Abhandlungen der DeLattinia)* **15**, 1-170.

Kitching, R. (1971): A simple simulation model of dispersal of animals among units of discrete habitat. *Oecologia* **7**, 95-116.

Kleyer, M., G. Kaule & J. Settele (1996): Landscape fragmentation and landscape planning, with a focus on Germany. In J. Settele, C. Margules, P. Poschlod & K. Henle (eds.), *Species Survival in Fragmented Landscapes*. Kluwer, Dordrecht, 138-151.

Kockelke, K., G. Hermann, G. Kaule, M. Verhaagh & J. Settele (1994): Zur Autökologie und Verbreitung des Kreuzenzian-Ameisenbläulings, *Maculinea rebeli* (HIRSCHKE 1904). *Carolinea* **52**, 93-109.

Kraus, W. (1993): *Verzeichnis der Großschmetterlinge (Insecta: Lepidoptera) der Pfalz*. (Pollichia-Buch Nr. 27). Selbstverlag der Pollichia, Bad Dürkheim.

Kudrna, O. (1996): Kommentierter Verbreitungsatlas als wissenschaftliche Grundlage für den Schutz der Tagfalterfauna Tschechiens. *Verhandlungen des 14. Internationalen Symposiums für Entomofaunistik in Mitteleuropa, SIEEC, in München (04.-09.09.1994)*, 174-181.

Levins, R. (1969): Some demographic and genetic consequences of environmental heterogeneity for biological control. *Bulletin of the Entomological Society of America* **15**, 237-240.

Levins, R. (1970): Extinction. In M. Gerstenhaber (ed.), *Some Mathematical Problems in Biology*. American Mathematical Society, Providence, 77-107.

Maas, S. (1983): Die Flora von Saarlouis. Eine floristische Raumbewertung als Entscheidungshilfe für die Stadtplanung. *Aus Natur und Landschaft im Saarland (Abhandlungen der DeLattinia)* **13**, 1-108.

Maguire, L.A. (1991): Risk analysis for conservation biologists. *Conservation Biology* **5**, 121-125.

Mascanzoni, D. & H. Wallin (1986): The harmonic radar: A new method of tracing insects in the field. *Ecological Entomology* **11**, 387-390.

Moilanen, A. & I. Hanski (1995): Habitat destruction and coexistence of competitors in a spatially realisitc metapopulation model. *Journal of Animal Ecology* **64**, 141-144.

Morris, M.G., J.A. Thomas, L.K. Ward, R.G. Snazell, R.F. Pywell, M.J. Stevenson & N.R. Webb (1994): Re-creation of early-successional stages for threatened butterflies - an ecological engineering approach. *Journal of Environmental Management* **42**, 119-135.

Mühlenberg, M., K. Henle, J. Settele, P. Poschlod, A. Seitz & G. Kaule (1996): Studying species survival in fragmented landscapes: the approach of the FIFB. In J. Settele, C. Margules, P. Poschlod & K. Henle (eds.), *Species Survival in Fragmented Landscapes*. Kluwer, Dordrecht, 152-160.

Munguira, M., J. Martin & E. Balletto (1993): Conservation biology of Lycaenidae: a European overview. In, T.R. New (ed.), *Conservation Biology of Lycaenidae (Butterflies). Occasional Paper of the IUCN Species Survival Commission* **8**, 23-34.

Murphy, D.D., K.E. Freas & S.B. Weiss (1990): An environment-metapopulation approach to population viability analysis for a threatened invertebrate. *Conservation Biology* **4**, 41-51.

Nässig, W. (1995): Die Tagfalter der Bundesrepublik Deutschland: Vorschlag für ein modernes, phylogenetisch orientiertes Artenverzeichnis (kommentierte Checkliste) (Lepidoptera, Rhopalocera). *Entomologische Nachrichten und Berichte* **39**, 1-28.

New, T.R., R.M. Pyle, J.A. Thomas, C.D. Thomas & P.C. Hammond (1995): Butterfly conservation management. *Annual Review of Entomology* **40**, 57-83.

Nisbet, R.M. & W.S.C. Gurney (1982): *Modelling Fluctuating Populations*. Wiley, Chichester.

Opdam, P. (1990): Dispersal in fragmented populations: the key to survival. In R.G.H. Bunce & D.C. Howard (eds.), *Species Survival in Agricultural Habitats*. Belhaven, London, 3-17.

Opdam, P. (1991): Metapopulation theory and habitat fragmentation: a review of holarctic breeding bird studies. *Landscape Ecology* **5**, 93-106.

Otis, D.L., K.P. Burnham, G.C. White & D.R. Anderson (1978): Statistical inference from capture data on closed animal populations. *Wildlife Monographs* **62**, 1-135.

Pauler, R., G. Kaule, M. Verhaagh & J. Settele (1995): Untersuchungen zur Autökologie des Schwarzgefleckten Ameisenbläulings, *Maculinea arion* LINNAEUS 1758 (Lepidoptera: Lycaenidae) in Südwest-Deutschland. *Nachrichten des entomologischen Vereins Apollo, Frankfurt/Main, N.F.* **16**, 147-186.

Pauler-Fürste, R., G. Kaule & J. Settele (1996): Aspects of the population vulnerability of the large blue butterfly, *Glaucopsyche (Maculinea) arion*, in South-West Germany. In J. Settele, C. Margules, P. Poschlod & K. Henle (eds.), *Species Survival in Fragmented Landscapes*. Kluwer, Dordrecht, 275-281.

Plachter, H. (1992): Grundzüge der naturschutzfachlichen Bewertung. *Veröffentlichungen für Naturschutz und Landschaftspflege Baden-Württemberg* **67**, 9-48.

Plachter, H. (1994): Methodische Rahmenbedingungen für synoptische Bewertungsverfahren im Naturschutz. *Zeitschrift für Ökologie und Naturschutz* **3**, 87-106.

Poethke, H.J. & C. Wissel (1994): Zur Bedeutung von Theorie und mathematischen Modellen für den Naturschutz. *Zeitschrift für Ökologie und Naturschutz* **3**, 131-137.

Poethke, H.J., E.M. Griebeler & R. Pauler (1994): Individuenbasierte Modelle als Entscheidungshilfen im Artenschutz. *Zeitschrift für Ökologie und Naturschutz* **3**, 197-206.

Poethke, H.J., E. Gottschalk & A. Seitz (1996a): Das Metapopulationskonzept: Reif für den Einsatz im angewandten Artenschutz? *Zeitschrift für Ökologie und Naturschutz* **5**, 229-242.

Poethke, H.J., A. Seitz & C. Wissel (1996b): Species survival and metapopulations: conservation implications from ecological theory. In J. Settele, C. Margules, P. Poschlod & K. Henle (eds.), *Species Survival in Fragmented Landscapes*. Kluwer, Dordrecht, 81-92.

Pollard, E. & T.J. Yates (1993): *Monitoring Butterflies for Ecology and Conservation*. Chapman & Hall, London.

Pollock, K.H., J.D. Nichols, C. Brownie & J.E. Hines (1990): Statistical inference for capture-recapture experiments. *Wildlife Monographs* **107**, 1-97.

Pretscher, P. (1984): Rote Liste der Großschmetterlinge (Macrolepidoptera). *Naturschutz aktuell* **1**, 53-66.

Pullin A.S., I.F.G. McLean & M.R. Webb (1995): Ecology and conservation of *Lycaena dispar*: British and European perspectives. In A.S. Pullin (ed.), *Ecology and Conservation of Butterflies*. Chapman & Hall, London, 150-164.

Reck, H., K. Henle, G. Hermann, G. Kaule, G. Matthäus, F.J. Obergföll, K. Weiß & M. Weiß (1991): Zielarten: Forschungsbedarf zur Anwendung einer Artenschutzstrategie. In K. Henle & G. Kaule (Hrsg.), *Arten- und Biotopschutzforschung für Deutschland*. Forschungszentrum Jülich, 347-353.

Reck, H., R. Walter, E. Osinski, G. Kaule, T. Heinl, U. Kick & M. Weiss (1994): Ziele und Standards für die Belange des Arten- und Biotopschutzes: Das "Zielartenkonzept" als Beitrag zur Fortschreibung des Landschaftsrahmenprogrammes in Baden-Württemberg. *Laufener Seminarbeiträge* **4/94**, 65-94.

Reich, M. (1991): Grasshoppers (Orthoptera, Saltatoria) on alpine and dealpine riverbanks and their use as indicators for natural floodplain dynamics. *Regulated Rivers* **6**, 333-339.

Reich, M. & V. Grimm (1996): Das Metapopulationskonzept in Ökologie und Naturschutz: eine kritische Bestandsaufnahme. *Zeitschrift für Ökologie und Naturschutz* **5**, 123-139.

Reichl, E.R. (1992): *Verbreitungsatlas der Tierwelt Österreichs. Band 1, Lepidoptera-Diurna, Tagfalter*. Forschungsinstitut für Umweltinformatik Linz.

Reinhardt, R. & R. Thust (1988): Zur ökologischen Klassifizierung und zum Gefährdungsgrad der Tagfalter der DDR. *Entomologische Nachrichten und Berichte* **32**, 199-206.

Reinhardt, R. & R. Thust (1993): Zur Entwicklung der Tagfalterfauna 1981-1990 in den ostdeutschen Ländern mit einer Bibliographie der Tagfalterliteratur 1949-1990 (Lepidoptera, Diurna). *Neue Entomologische Nachrichten* **30**, 1-281.

Rennau, H.J. (1991): The stabilizing potential of spatial heterogeneity - analysis of an experimental predator-prey system. In A. Seitz & V. Loeschcke (eds.), *Species Conservation: A Population Biological Approach*. Birkhäuser, Basel, 61-72.

Roesler, R.U. (1980): Die gefährdeten Tagfalter der Pfalz und ihre Biotope. *Pfälzer Heimat* **31** (4), 134-147.

Roland, J., G. McKinnon, C. Backhouse & P.D. Taylor (1996): Even smaller tags on insects. *Nature* **381**, 120.

Roweck, H. (1993): Zur Naturverträglichkeit von Naturschutz-Maßnahmen. *Verhandlungen der Gesellschaft für Ökologie* **22**, 15-25.

Roweck, H., M. Auer & B. Betz (1988): *Flora und Vegetation dystropher Teiche im Pfälzerwald* (Pollichia-Buch Nr. 15). Selbstverlag der Pollichia, Bad Dürkheim.

Sarre, S., G.T. Smith & J.A. Meyers (1995): Persistence of two species of gecko (*Oedura reticulata* and *Gehyra variegata*) in remnant habitat. *Biological Conservation* **71**, 25-33.

Sarre, S., K. Wiegand & K. Henle (1996): The conservation biology of a specialist and a generalist gecko in the fragmented landscape of the Western Australian wheatbelt. In J. Settele, C. Margules, P. Poschlod & K. Henle (eds.), *Species Survival in Fragmented Landscapes*. Kluwer, Dordrecht, 39-51.

Saunders, D.A. & R.J. Hobbs (1991): *Nature Conservation 2: The Role of Corridors*. Surrey Beatty, Sydney.

Schreiber, H. (1976): Fundortkataster der Bundesrepublik Deutschland. Teil 2: Lepidoptera, Familien Papilionidae, Pieridae und Nymphalidae. In P. Müller (Hrsg.), *Erfassung westpaläarktischer Tiergruppen*. Universität des Saarlandes, Saarbrücken.

Seber, G.A.F. (1982): *The Estimation of Animal Abundance and Related Parameters*. MacMillan, New York.

Seitz, A. & V. Loeschcke (1991): *Species Conservation: A Population-Biological Approach*. Birkhäuser, Basel.

Settele, J. (1990a): Akute Gefährdung eines Tagfalterlebensraumes europaweiter Bedeutung im Landkreis Südliche Weinstraße. *Landschaft + Stadt* **22** (1), 22-26.

Settele, J. (1990b): Zur Hypothese des Bestandsrückganges von Insekten in der Bundesrepublik Deutschland: Untersuchungen zu Tagfaltern in der Pfalz und die Darstellung der Ergebnisse auf Verbreitungskarten. *Landschaft + Stadt* **22** (3), 88-96 (mit Berichtigung in *Landschaft + Stadt* **22** (4), 162-163).

Settele, J. & S. Geißler (1988): Schutz des vom Aussterben bedrohten Blauschwarzen Moorbläulings durch Brachenerhalt, Grabenpflege und Biotopverbund im Filderraum. *Natur und Landschaft* **63**, 467-470.

Settele, J. & H.J. Poethke (1996): Towards demographic population vulnerability categories of butterflies. In J. Settele, C. Margules, P. Poschlod & K. Henle (eds.), *Species Survival in Fragmented Landscapes*. Kluwer, Dordrecht, 282-289.

Settele, J., U. Andrick & E.M. Pistorius (1992): Zur Bedeutung von Trittsteinbiotopen und Biotopverbund in der Geschichte - das Beispiel des Hochmoorperlmutterfalters (*Boloria aquilonaris* STICHEL 1908) und anderer Moorvegetation bewohnender Schmetterlinge in der Pfalz (SW-Deutschland). *Nota lepidopterologica, Supplementum* **4** (Proc. 7. SEL-Kongreß, Lunz/Österreich 1990), 18-31.

Settele, J., R. Pauler & K. Kockelke (1995): Magerrasennutzung und Anpassungen bei Tagfaltern: Populationsökologische Forschung als Basis für Schutzmaßnahmen am Beispiel von *Glaucopsyche (Maculinea) arion* (Thymian-Ameisenbläuling) und *Glaucopsyche (Maculinea) rebeli* (Kreuzenzian-Ameisenbläuling). *Beihefte zu den Veröffentlichungen für Naturschutz und Landschaftspflege Baden-Württemberg* **83**, 129-158.

Settele, J., K. Henle & C. Bender (1996a): Metapopulationen und Biotopverbund: Theorie und Praxis am Beispiel von Schmetterlingen und Reptilien. *Zeitschrift für Ökologie und Naturschutz* **5**, 187-206.

Settele, J., C. Margules, P. Poschlod & K. Henle (1996b): *Species Survival in Fragmented Landscapes*. Kluwer, Dordrecht.

Seufert, W. & H. Bamberger (1996): Invertebrates and isolation in the porphyry landscape of Halle. In J. Settele, C. Margules, P. Poschlod & K. Henle (eds.), *Species Survival in Fragmented Landscapes*. Kluwer, Dordrecht, 187-193.

Seufert, W. & N. Grosser (1996): A population ecological study of *Chazara briseis* (Lepidotpera, Satyrinae). In J. Settele, C. Margules, P. Poschlod & K. Henle (eds.), *Species Survival in Fragmented Landscapes*. Kluwer, Dordrecht, 268-274.

Shaffer, M.L. (1990): Population viability analysis. *Conservation Biology* **4**, 39-40.

Shreeve, T.G. (1995): Butterfly mobility. In A.S. Pullin (ed.), *Ecology and Conservation of Butterflies*. Chapman & Hall, London, 37-45.

Soulé, M.E. (1987): *Viable Populations for Conservation*. Cambridge University Press, Cambridge.

Southwood, T.R.E. (1960): The flight activity of Heteroptera. *Transactions of the Royal Entomological Society London* **112**, 173-220.

Ssymank, A. (1996): Rasterfeinkartierungen - ihre Anwendung in der Landschaftsbewertung und zur Analyse räumlich-funktionaler Aspekte am Beispiel der Syrphidae. *Verhandlungen des 14. Internationalen Symposiums für Entomofaunistik in Mitteleuropa, SIEEC, in München (04.-09.09.1994)*, 191-200.

Steffan-Dewenter, I. & T. Tscharntke (1997): Early succession of butterfly and plant communities on set-aside fields. *Oecologia* **109**, 294-302.

Steiner, A. (1991): Kartierungsgrundlagen und Symbole. In G. Ebert & E. Rennwald (Hrsg.), *Die Schmetterlinge Baden-Württembergs, Band 1, Tagfalter I*. Ulmer, Stuttgart, 39-42 (Kapitel 2.1.5).

Stelter, C., J. Settele & C. Wissel (1996): Die Bedeutung von Störungen und Pflegemaßnahmen für das Überleben von Schmetterlingspopulationen im Kontext eines Modells. *Verhandlungen der Gesellschaft für Ökologie* **26**, 483-488.

Sternberg, K. (1995): Populationsökologische Untersuchungen an einer Metapopulation der Hochmoor-Mosaikjungfer (*Aeshna subarctica elisabethae* Djakonov, 1922) (Odonata, Aeshnidae) im Schwarzwald. *Zeitschrift für Ökologie und Naturschutz* **4**, 53-60.

Tax, M.H. (1989): *Atlas van de Nederlandse dagvlinders*. Vereniging tot Behoud van Natuurmonumenten in Nederland, 's-Graveland and De Vlinderstichting, Wageningen.

Thomas, C.D. (1995): Ecology and conservation of butterfly metapopulations in the fragmented British landscape. In A.S. Pullin (ed.), *Ecology and Conservation of Butterflies*. Chapman & Hall, London, 46-63.

Thomas, C.D. & T.M. Jones (1993): Partial recovery of a skipper butterfly (*Hesperia comma*) from population refuges: lessons for conservation in a fragmented landscape. *Journal of Animal Ecology* **62**, 472-481.

Thomas, C.D. & S. Harrison (1992): Spatial dynamics of a patchily-distributed butterfly species. *Journal of Animal Ecology* **61**, 437-446.

Thomas, C.D., J.A. Thomas & M.S. Warren (1992): Distribution of occupied and vacant butterfly habitats in fragmented landscapes. *Oecologia* **92**, 563-567.

Thomas, J. A. (1995): The ecology and conservation of *Maculinea arion* and other European species of Large Blue Butterfly. In A.S. Pullin (ed.), *Ecology and Conservation of Butterflies*. Chapman & Hall, London, 180-197.

Thomas, J.A. (1996): The case for a science-based strategy of conserving threatened butterfly populations in the UK and north Europe. In J. Settele, C. Margules, P. Poschlod & K. Henle (eds.), *Species Survival in Fragmented Landscapes*. Kluwer, Dordrecht, 1-6.

Thomas, J.A., G.W. Elmes, J.C. Wardlaw & M. Woyciechowski (1989): Host specifity among *Maculinea* butterflies in *Myrmica* ant nests. *Oecologia* **79**, 452-457.

Thomas, P. (1990): Grünlandgesellschaften und Grünlandbrachen in der nordbadischen Rheinaue. *Dissertationes Botanicae* **162**, 1-257.

Tscharntke, T. (1995): Naturschutz in der Agrarlandschaft. *Mitteilungen der deutschen Gesellschaft für allgemeine und angewandte Entomologie* **10**, 21-30.

Tscharntke, T. & H.-J. Greiler (1995): Insect communities, grasses and grasslands. *Annual Review of Entomology* **40**, 535-558.

Turchin, P., F.J. Odendaal & M.D. Rausher (1991): Quantifying insect movement in the field. *Environmental Entomology* **20**, 955-963.

van Swaay, C.A.M. (1990): An assessment of the change in butterfly abundance in the Netherlands during the 20th century. *Biological Conservation* **52**, 287-302.

Veith, M. & A. Seitz (1995): Anwendungsmöglichkeiten der Populationsgenetik für den Artenschutz. *Verhandlungen der Gesellschaft für Ökologie* **24**, 219-226.

Veith, M., J. Johannesen, B. Nicklas-Görgen, D. Schmeller, U. Schwing & A. Seitz (1996): Genetics of insect populations in fragmented landscapes - a comparison of species and habitats. In J. Settele, C. Margules, P. Poschlod & K. Henle (eds.), *Species Survival in Fragmented Landscapes*. Kluwer, Dordrecht, 344-355.

Vogel, K. & J. Johannesen (1996): Research on population viability of *Melitaea didyma* (Lepidoptera, Nymphalidae). In J. Settele, C. Margules, P. Poschlod & K. Henle (eds.), *Species Survival in Fragmented Landscapes*. Kluwer, Dordrecht, 262-267.

Vos, C.C. & P. Opdam (1993): *Landscape Ecology of a Stressed Environment*. Chapman & Hall, London.

Warren, M.S. (1991): The successful conservation of an endangered species, the Heath Fritillary Butterfly *Mellicta athalia*, in Britain. *Biological Conservation* **55**, 37-56.

Warren, M.S. (1992): Butterfly populations. In R.L.H. Dennis (ed.), *The Ecology of Butterflies in Britain*. Oxford University Press, Oxford, 73-92.

Warren, M.S. (1993a): A review of butterfly conservation in central southern Britain. I. Protection, evaluation and extinction on prime sites. *Biological Conservation* **64**, 25-35.

Warren, M.S. (1993b): A review of butterfly conservation in central southern Britain. II. Site management and habitat selection by key species. *Biological Conservation* **64**, 37-49.

Warren, M.S. (1994): The UK status and metapopulation structure of a threatened European butterfly, the Marsh Fritillary *Eurodryas aurinia*. *Biological Conservation* **67**, 239-249.

Weber, F.W. (1981): *Die Geschichte der pfälzischen Mühlen besonderer Art*. Verlag Franz Arbogast, Otterbach.

Weidemann, H.J. (1995): *Tagfalter beobachten, bestimmen*. Naturbuch, Augsburg.

Weiss, S.B., D.D. Murphy, P.R. Ehrlich & C.F. Metzler (1993): Adult emergence phenology in checkerspot butterflies: the effects of microclimate, topoclimate, and population history. *Oecologia* **96**, 261-270.

Westrich, P. (1989): *Die Wildbienen Baden-Württembergs*. 2 Bände. Ulmer, Stuttgart.

Wilson, D.S. (1992): Complex interactions in metacommunities, with implications for biodiversity and higher level of selection. *Ecology* **73**, 1984-2000.

Wissel, C. & T. Stephan (1994): Bewertung des Aussterberisikos und das Minimum-Viable-Population-Konzept. *Zeitschrift für Ökologie und Naturschutz* **3**, 155-160.

Wissel, C., T. Stephan & S.H. Zaschke (1995): Modelling extinction and survival of small populations. In H. Remmert (ed.), *Minimum Viable Populations*. Springer, Berlin, 67-103.

Witkowski, Z. & P. Adamski (1996): Decline and rehabilitation of the Apollo Butterfly *Parnassius apollo* (LINNAEUS, 1758) in the Pieniny National Park (Polish Carpathians). In J. Settele, C. Margules, P. Poschlod & K. Henle (eds.), *Species Survival in Fragmented Landscapes*. Kluwer, Dordrecht, 7-14.

Wolfenberger, D.O. (1946): Dispersion of small organisms. *American Midland Naturalist* **35**, 1-152.

Wynhoff, I., J.G.B. Oostermeijer, M. Scheper & J.G. van der Made (1996): Effects of habitat fragmentation on the butterfly *Maculinea alcon* in the Netherlands. In J. Settele, C. Margules, P. Poschlod & K. Henle (eds.), *Species Survival in Fragmented Landscapes*. Kluwer, Dordrecht, 15-23.

Anhang 1: Abkürzungen

(v.a. Parameter und Variable, die bei den Metapopulationsanalysen Verwendung finden, inkl. Querverweise auf die Kapitel und Gleichungen, denen entsprechende Definitionen und Erläuterungen zu entnehmen sind)

α maximaler Winkel eines Kreissegmentes zwischen Mittelpunkt der Ausgangsfläche und den Enden des Durchmessers der Zielfläche (Winkel von der Ausgangsfläche aus gesehen; vgl. Gl. 3.3)

Abb.   Abbildung

C_j Kolonisationswahrscheinlichkeit einer lokalen Population j (Gl. 3.11 für Berechnung ohne und Gl. 3.12 für Berechnung unter Berücksichtigung des Allee-Effektes nach Hanski 1994a)

e Extinktionsparameter (vgl. Gl. 3.10)

E_j Extinktionswahrscheinlichkeit einer lokalen Population j (Gl. 3.9 und Gl. 3.10)

Gl.   Gleichung

J_j festgestellte Inzidenz einer Population j (Anwesenheitsnachweis als Anteil der Gesamterfassungen im Gebiet j, bzw. Quadranten j)

$J_{progn\,j}$ prognostizierte Inzidenz für eine Population j (Gl. 3.7 für Berechnung ohne und Gl. 3.8 für Berechnung mit „rescue effect" nach Hanski 1994a)

Kap.   Kapitel

K_j Kapazität eines Habitates einer potentiellen Population j (vgl. Kap. 3.2.2)

K_a Kapazität eines Habitates, berechnet als Mittelwert aller Populationsgrößen der Tiere im Habitat einschließlich der Phasen der Abwesenheit der Tiere (vgl. Kap. 3.2.2)

K_b Kapazität eines Habitates, berechnet als Mittelwert der Populationsgrößen der Tiere im Habitat ausschließlich während der Phasen der Anwesenheit (vgl. Kap. 3.2.2)

m' (Dis-)Migrationsparameter (Gl. 3.4)

$m(r)$ Wahrscheinlichkeit des Erreichens einer Zielfläche in Entfernung r (und Durchmesser d, bei hier angenommenen Kreisflächen) durch ein einzelnes gestartetes Tier nach Poethke et al. (1996a) (Gl. 3.1)

$m(r)'$ definiert wie $m(r)$, jedoch modifiziert und verallgemeinert (Gl. 3.2 und Gl. 3.3)

M_j Mittlere Anzahl von Immigranten einer Art in die Fläche bzw. den Quadranten j im Kontext der Konstellation in der Gesamtlandschaft (Gl. 3.1, Gl. 3.2, Gl. 3.6, Gl. 3.12)

n' Korrekturfaktor für Populationsgrößenschätzungen (vgl. Kap. 4.2.5)

N_j Größe der Population j (vgl. Gl. 3.2, Gl. 3.6, Kap. 4.2.5)

p_m Migrationswahrscheinlichkeit nach Poethke et al. (1996a; vgl. Gl. 3.1)

p_m' Anteil an der Gesamtpopulation N_j, der eine mittlere Wanderstrecke D zurücklegt (Gl. 3.4)

$r_{i,j}$ Entfernung zwischen zwei Quadranten i und j (Gl. 3.3 und Gl. 3.4)

Tab.   Tabelle

y Kolonisationsparameter (Etablierungsparameter; Gl. 3.12)

Anhang 2: Das Rasterdatenmodell (Turbo-Pascal)

Vorbemerkungen

Variablen bzw. Parameter, die in das Modell eingehen bzw. in dessen Rahmen berechnet werden (vgl. auch Deklaration der Konstanten "const" im Programm):

Datensaetze {ds}: Anzahl der Datensätze, hier Jahre bzw. Generationen
Durchschnitt^.flaeche: Summe von Nj (=Populationsgröße) als Summe aller Datensätze ohne Einbeziehung des Populationgrößenkorrekturfaktors n':
Durchschnitt^.erfass {de}: Anzahl der Jahre bzw. Generationen, mit Erfassung im betreffenden Quadranten;
Durchschnitt^.anzahl {da}: Anzahl der Jahre bzw. Generationen, in denen Art im betreffenden Quadranten nachgewiesen wurde;
Isolation^.flaeche: Summe von Mj (= Anzahl Immigranten in die jeweiligen Quadranten) pro Jahr über alle Jahre bzw. Generationen gemittelt ohne Einbeziehung des Populationgrößenkorrekturfaktors n' (vgl. Gl. 3.2);

Ausgabevariablen und -parameter in "procedure Ergebnis_in_Datei":

{ds}, {de} und **{da}**: siehe oben
{df}: Gesamtgrößen von N_j für eine bestimmte Anzahl Jahre hochgerechnet (Basis: durchschnittliche Größe pro Jahr), Korrekturfaktor n' hierbei mit eingerechnet, bei Berechnung für 1 Jahr entspricht dies der Kapazität K_a (vgl. Kap. 3.2.2)
{Mj}: für die entsprechend vorgegebene Anzahl Jahre insgesamt zu erwartende Immigranten (n' bereits mit eingerechnet)
{Kb}: Kapazitätsberechnung nach Variante b (vgl. Kap. 3.2.2)
{Jj}: beobachtete Inzidenz (= Anwesenheit des Tieres im Verhältnis zu durchgeführten Erfassungen im selben Quadranten; maximal 1, minimal 0; vgl. Kap. 3.2.3);

Borland Turbo Pascal Programm

```pascal
program oberrh_metapop; {Programmname}

uses Crt;
const            {Definiton der Konstanten; Basiseingabe für die jeweilige Berechnung, hier mit Werten wie sie
                 für eine Berechnung im vorgestellten Landschaftsausschnitt - Pfälzische Rheinebene - für eine
                 Art mit Angaben aus 5 Jahren durchgeführt wurde}
    maxx=100;       {gibt die Anzahl der Werte in y-Richtung wider}
    maxy=80;        {gibt die Anzahl der Werte in x-Richtung wider}
    datensaetze=5;  {Daten aus 5 Jahren bzw. Generationen}

    n'=25; {Korrekturfaktor der Populationsgroesse}
    jahre=1; {Faktor zur Errechnung der Effekte bezogen auf entsprechende Anzahl Jahre; die berechneten
                 Daten geben den Durchschnitt bezogen auf 1 Jahr für „df" und „Mj" an, während „Kb" und
                 „Jj" Eigenschaften der jeweiligen Quadranten sind, die sich im Laufe der Zeit einem besseren
                 Wert nähern, aber sich nicht prinzipiell direkt abhängig von der Anzahl Jahre ändern}
    gridgr=0.5; {Faktor zur Definiton der entsprechenden Größe der Quadranten; Basis für die Berechnung
                 der Entfernung zwischen den Quadranten; 500m = 0.5; 1km = 1.0 etc.}
    griddis=80; {Faktor fuer die in die Analyse einzuschliessenden Quadranten; griddis*gridgr ergibt die
                 Anzahl km für die die entsprechende Berechnung durchgeführt werden soll, im vorliegenden
                 Beispiel also 40 km}
    m'=0.5; {Dismigrationsparameter, vgl. Gl. 3.4}
```

```pascal
type {Typendeklaration}

Flaeche1 = record
        flaeche :array[1..maxx,1..maxy] of single;
        end;
Flaeche2 = record
        flaeche :array[1..maxx,1..maxy] of single;
        end;
Flaeche3 = record
        flaeche :array[1..maxx,1..maxy] of single;
        anzahl  :array[1..maxx,1..maxy] of byte;
        erfass  :array[1..maxx,1..maxy] of byte;
        end;


var {Variablendeklaration}

flaechex                        : array[1..datensaetze] of ^Flaeche1;
Durchschnitt                    : ^Flaeche3;
Isolation                       : ^Flaeche2;

Datei1,Datei2                   : Text;
I,J,III,JJJ                     : byte;
II,JJ                           : integer;
Pmigrtot, Pmigr, PEntf, Entf, alpha: single;

{----------------------------------------------------------------------------------------------}

procedure cleaner;

begin
        dispose(Durchschnitt);
        dispose(Isolation);
end;
{----------------------------------------------------------------------------------------------}

procedure Initialisierung;

begin
        New(Durchschnitt);
                for i:=1 to datensaetze do New(flaechex[i]);
                for i:=1 to datensaetze do dispose(flaechex[i]);
        New(Isolation);
                for I:=1 to Maxx do
                for J:=1 to Maxy do
                begin
                        Durchschnitt^.flaeche[I,J]:=0;
                        Durchschnitt^.anzahl[I,J]:=0;
                        Durchschnitt^.erfass[I,J]:=0;
                        Isolation^.flaeche[I,J]:=0;
                end;
        PmigrTot:=0;
end;

{----------------------------------------------------------------------------------------------}
```

```pascal
procedure lesen;

var
        Durch           : single;
        i,j,datensatz   : byte;

begin
        for datensatz:=1 to datensaetze do
        for I:=1 to maxx do
        for J:=1 to maxy do
                begin
                        read(Datei1,Flaechex[datensatz]^.flaeche[I,J]);
                end;
                readln(Datei1);
                        for datensatz:=1 to datensaetze do
                        for I:=1 to maxx do
                        for J:=1 to maxy do
                        begin
                                if Flaechex[datensatz]^.flaeche[I,J]>=0 then
                                        begin
                                                Durchschnitt^.flaeche[I,J]:=durchschnitt^.Flaeche[I,J]+
                                                        flaechex[datensatz]^.flaeche[i,j];
                                                Durchschnitt^.erfass[i,j]:=durchschnitt^.erfass[i,j]+1;
                                        end;

                                if Flaechex[datensatz]^.flaeche[I,J]>0 then
                                        begin
                                                Durchschnitt^.anzahl[i,j]:=durchschnitt^.anzahl[i,j]+1;
                                        end;

                        end;
end;


{----------------------------------------------------------------------------------------------------}


procedure isolieren;

var
        i,j     : byte;
        ii,jj   : integer;

begin
for I:=1 to maxx do
for J:=1 to maxy do
begin
writeln('Zeile= ',I,'   Spalte= ',J);
```

```pascal
if Durchschnitt^.erfass[I,J]>0 then
begin
        PMigrTot:=0;
        Pmigr:=0;
        for II:=I-(griddis) to (I+griddis) do
        for JJ:=J-(griddis) to (J+griddis) do
                begin
                if not ((II<=0) or (II>maxx) or (JJ<=0) or (JJ>maxy)) then
                        begin
                        if Durchschnitt^.flaeche [II,JJ]>0 then
                                begin
                                Entf:=sqrt(sqr(I-II)+sqr(J-JJ))/(1/gridgr);
                                if (Entf<=40) and (Entf>0) then      {entspricht 40 km bei gridgr von 0.5;
                                                                      20 km bei gridgr von 1.0, usw.}
                                        begin
                                        PEntf:=exp(-m'*Entf);
                                        alpha:=((arctan(0.25/Entf))/pi)*180*2;
                                        Pmigr:=PEntf*alpha/360* durchschnitt^.flaeche[ii,jj];
                                                    {letzte 3 Zeilen entsprechen der Umsetzung von
                                                    Gl. 3.6, bezogen auf die aus den jeweiligen Qua-
                                                    dranten einwandernden Individuen}
                                        PmigrTOT:=PmigrTOT+Pmigr;
                                        end;
                                end;
                        end;
                end;
        Isolation^.flaeche[I,J]:=PmigrTOT;              {Gesamtergebnis entspr. Gl. 3.6}
end;
end;
end;


{----------------------------------------------------------------------------------------------------}

procedure Ergebnis_in_Datei;
var
        Iso       : single;
        iii,jjj   :byte;
begin
        for III:=1 to Maxx do
        begin
                for JJJ:=1 to MaxY do
                begin
                        if durchschnitt^.erfass[iii,jjj]>0 then              {Berechnung    nur    für    Quadranten
                                                                              in denen Erfassung durchgeführt wurde}
                        begin
                        if durchschnitt^.flaeche[iii,jjj]>0 then
                        write(Datei2,
                        {Koordinaten} '  XY ',JJJ:2,III:3,' ',
                        {ds}     datensaetze :1,' ',
                        {df}     Durchschnitt^.flaeche[III,JJJ]*n'*jahre/datensaetze :4:0,' ',
                        {de}     durchschnitt^.erfass[iii,jjj] :1,' ',
                        {da}     Durchschnitt^.anzahl[III,JJJ] :1,' ',
                        {Jj}     Durchschnitt^.anzahl[III,JJJ]/ durchschnitt^.erfass[iii,jjj]:3:2,' ',
                        {Kb}     Durchschnitt^.flaeche[III,JJJ]*n'/durchschnitt^.anzahl[iii,jjj] :6:2,' ',
                        {Mj}     IsoLation^.flaeche[III,JJJ]*n'*jahre/datensaetze :6:2,' ')
```

```pascal
                            else
                            write(Datei2,
                            {Koordinaten} '   XY ',JJJ:2,III:3,' ',
                            {ds}      datensaetze :1,' ',
                            {df}      '   0 ',
                            {de}      durchschnitt^.erfass[iii,jjj] :1,' ',
                            {da}      ' 0 ',
                            {Jj}      ' 0.00 ',' ',
                            {Kb}      ' ',n'/1:4:2,' ',
                            {Mj}      Isolation^.flaeche[III,JJJ]*n'*jahre/datensaetze :6:2,' ');
                    end;
            end;
        writeln(datei2);
        end;
end;
{-----------------------------------------------------------------}

{ Hauptprogramm;}

begin
Clrscr;
        {$I-}
        assign(Datei1, 'c:\turbo\basis.dat'); {Datei mit Ausgangsdaten, vgl. Kap. 3.2.1}
        assign(Datei2, 'c:\turbo\result.dat'); {Datei in die Ergebnisse übertragen werden}
        {$I+}
        rewrite(Datei2);
        {$I-}
        reset(Datei1);
        {$I+}
                Initialisierung;
                lesen;
                isolieren;
                Ergebnis_in_Datei;
        cleaner;
        close(Datei1);
        close(Datei2);
end.
```

Sach- und Artenregister

Mühle/Claus (Hrsg.)
Reaktionsverhalten von agrarischen Ökosystemen homogener Areale

Methoden der Beschreibung, Messung und Quantifizierung

Um agrarisch genutzte Flächen zu charakterisieren und die vielfältigen, miteinander wechselwirkenden Prozesse quantifizieren zu können, sind experimentelle Untersuchungen sowie die Formulierung von Modellen erforderlich. Für die kausale Deutung der Ursache – Wirkung – Beziehungen erweisen sich die detaillierte Untersuchung abgegrenzter, homogener Areale sowie die Entwicklung und Validierung detaillierter mathematischer Modelle zur Quantifizierung der Reaktionen des Systems in der gegebenen oder auch simulierten Umwelt als notwendig. Im vorliegenden Buch werden die Ergebnisse interdisziplinärer Zusammenarbeit im Rahmen eines Verbundprojektes vorgestellt. Dazu zählen die auf experimentellen Zeitreihen begründeten Teilmodelle zu Wachstum und Entwicklung von Kulturpflanzen, zum Wasser-, Stickstoff- und Wärmetransport im Boden, zum Wasser- und Energieaustausch, zum CO_2-Austausch im System »Boden – Pflanzenbestand – Atmosphäre«, zur Populationsentwicklung von Schädlingen und Nützlingen sowie die Ergebnisse zur Wurzelexsudation. Diese Teilmodelle sind so formuliert, daß sie sowohl autonom als auch innerhalb eines Komplexmodells genutzt werden können.

Die mit Hilfe des Komplexmodells und der Teilmodelle möglichen Aussagen, die Anwendbarkeit der Modelle sowie weitere Perspektiven der Nutzung der Ergebnisse werden diskutiert.

Herausgegeben von
Prof. Dr.
Heidrun Mühle
Umweltforschungszentrum
Leipzig-Halle GmbH
und Prof. Dr.
Stephan Claus
Martin-Luther-Universität
Halle-Wittenberg
Institut für Bodenkunde
und Pflanzenernährung
Agro-Ökosystemforschung
Quedlinburg

1996. 296 Seiten
mit 96 Bildern und
31 Tabellen.
16,2 x 22,9 cm.
Kart. DM 66,–
ÖS 482,– / SFr 59,–
ISBN 3-8154-3529-3

Preisänderungen vorbehalten.

B.G. Teubner Stuttgart · Leipzig

Ring (Hrsg.)
Nachhaltige Entwicklung in Industrie- und Bergbauregionen – Eine Chance für den Südraum Leipzig?

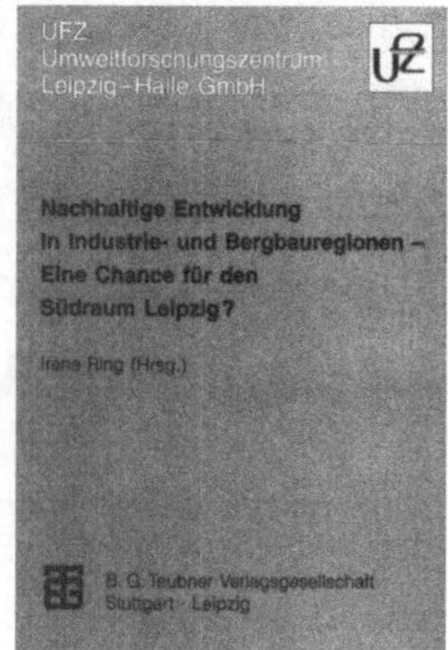

Nachhaltige Regionalentwicklung ist ein Prozeß, der in Richtung einer zunehmend umwelt- und sozialverträglichen wirtschaftlichen Entwicklung der Region zielt. Die Lasten der Vergangenheit und die ungünstigen Ausgangsbedingungen im Südraum Leipzig, einer ökologisch hochbelasteten ländlichen Bergbau- und Industrieregion, verlangen eine Prüfung, ob das Leitbild einer nachhaltigen Entwicklung für diese Region überhaupt tragfähig und anwendbar ist. Es gilt, ein komplexes Problemspektrum zu analysieren, um Grenzen und Möglichkeiten von Transformationsprozessen in Richtung nachhaltiger Entwicklungen aufzuzeigen. Dies geschieht nicht zuletzt aufgrund der Bedeutung des Südraumes Leipzig in seiner Umlandfunktion für die umwelt- und sozialverträgliche Entwicklung der Stadtregion Leipzig. Ein einführender Beitrag vereint ökologische, ökonomische und soziale Aspekte nachhaltiger Regionalentwicklung in integrierter Sicht. Die folgenden Beiträge repräsentieren wesentliche Ergebnisse aus der hydrogeologischen, naturschutzfachlichen, landschaftsökologischen, umweltmedizinischen sowie wirtschafts- und sozialwissenschaftlichen Forschung am UFZ-Umweltforschungszentrum Leipzig-Halle GmbH.

Herausgegeben von Dr.
Irene Ring
Umweltforschungszentrum Leipzig-Halle

1997. 280 Seiten
mit 50 Bildern.
16,2 x 22,9 cm.
Kart. DM 64,–
ÖS 467,– / SFr 58,–
ISBN 3-8154-3538-2

Preisänderungen vorbehalten.

B. G. Teubner Stuttgart · Leipzig